职业教育汽车专业“十四五”规划教材

汽车维修职业健康与安全

沈　琳◎主　编
程德宝　管长海　袁敏敏◎副主编

中国铁道出版社有限公司
CHINA RAILWAY PUBLISHING HOUSE CO., LTD.

内容简介

本书主要介绍了我国职业健康与安全的发展过程;职业安全管理体系产生的背景与建立过程;建立健全职业健康与安全相关的法律法规;预防事故的发生及生产企业相关安全制度的保障;实训实习安全操作规程;车间的安全管理措施和厂内管理要点;汽车的安全驾驶和驾驶员应具备的基本条件和能力;违章驾驶的风险隐患;非机动车辆和行人出行安全;汽车维修行业的职业病的危害与预防等相关内容。

本书可作为职业院校汽车维修相关专业的教材,也可作为汽车维修行业初、中级技术工种及相关企业员工的专业培训教材,还可作为技能培训(初级工、中级工)的教学材料。

图书在版编目(CIP)数据

汽车维修职业健康与安全/沈琳主编.—北京:中国铁道出版社有限公司,2021.5(2024.11重印)
职业教育汽车专业“十四五”规划教材
ISBN 978-7-113-27879-3

Ⅰ.①汽… Ⅱ.①沈… Ⅲ.①汽车-车辆维修-劳动保护-职业教育-教材②汽车-车辆维修-劳动安全-职业教育-教材 Ⅳ.①X931

中国版本图书馆CIP数据核字(2021)第060035号

书　　名: 汽车维修职业健康与安全
作　　者: 沈　琳

策　　划: 张松涛　　　**编辑部电话:**(010)83527746
责任编辑: 张松涛
封面设计: 刘　颖
责任校对: 苗　丹
责任印制: 赵星辰

出版发行: 中国铁道出版社有限公司(100054,北京市西城区右安门西街8号)
网　　址: https://www.tdpress.com/51eds
印　　刷: 三河市兴博印务有限公司
版　　次: 2021年5月第1版　2024年11月第3次印刷
开　　本: 787 mm×1 092 mm　1/16　**印张:** 11.75　**字数:** 276千
书　　号: ISBN 978-7-113-27879-3
定　　价: 34.00元

前　言

《国家中长期教育改革和发展规划纲要(2010—2020年)》对职业教育给予了高度重视。该纲要指出:发展职业教育是推动经济发展,促进就业,改善民生及缓解劳动力供求矛盾的关键环节;职业教育要面向人人、面向社会,着力培养学生的职业道德、职业技能和就业创业能力。

更多的人越来越认识到,健康是人生全面发展的基础,也是家庭幸福、社会和谐与发展的重要保障。就职业人群而言,如何维护和促进自身健康,避免和减少由于职业卫生和职业安全问题对自身造成健康伤害显得尤为重要。另外,生产中的职业危害因素如何防护,发生重大事故时如何逃生,现场如何抢救等,我们一旦掌握这些知识与技能,既可以自救又可以救人,从而避免或减少许多无谓的伤害与死亡。如何让劳动者避免或减少职业危害,有效地维护自身的职业健康与安全权利,不再因职业危害因素影响健康乃至生命,应该是劳动者、企业及全社会共同的责任。作为劳动者本人,最根本的是要对自己的工作性质和工作环境有个基本认识,了解和掌握工作场所可能存在的职业病危害因素、自身的行为危害因素和需要遵守的行为规则,懂得如何利用法律维护自己的正当权益。

职业院校毕业生绝大多数将工作在生产第一线,目前很多企业职业健康与安全管理机制还有待完善,他们在特定的工作和生活条件下,生产中的职业危害因素可能会影响他们的身心健康和劳动者权利,最终导致疾病、伤害或死亡事件偶有发生,从而使劳动者家庭和社会都要直接或间接付出代价。对这部分即将进入职场的新人,开展职业健康与安全教育,对学生本人、企业和社会无疑都具有重要的现实意义。

本书在编写过程中,广泛征求兄弟院校相关专业的同仁和汽车维修技术人员的建议,并得到了兄弟院校的大力支持。编者参考了大量的技术资料,借鉴了国际职业教育的先进理念,突出"以行业需求为导向、以能力为本位、以学生为中心"的原则,体现了"以人为本"的人文理念。根据初学者对职场认识程度和特点，充分利用现代化教学资源和丰富多样的教学手段，完成教学目标。重点突出了遵守职场健康与安全的具体步骤，将人身健康知识与安全技能并重，促使学习者达到能力标准的要求。紧密结合我国现阶段汽车维修行业的生产实际，并充分考虑了职业教育教学的特点，突出内容的针对性、通用性、先进性和实践性，从提高学生专业操作技能、分析和注重生产过程中的可能风险出发，从而使本书具有较强的实用性和避免风险的可操作性。

本书重点从劳动者个体的角度，普及职业健康与安全知识，在内容选择上弱化理论性，强调针对性、实用性，突出与劳动者个体有直接关系的健康与安全的知识和技能，同时注重职业健康与安全意识的培养。

本书图文并茂、体例活泼，语言通俗易懂，表现形式上避免死板、单调、沉闷的大段文字叙述，并配以新颖灵活的图片说明，从而提高了学生学习兴趣和教师教学效果。本书可作为职业院校汽车维修相关专业的教材，也可作为汽车维修行业初、中级技术工种及相关企业员工的专业培训教材，还可作为技能培训（初级工、中级工）的教学用书。

本书由上海市群益职业技术学校沈琳担任主编，并负责全书的统稿；由程德宝、管长海、袁敏敏担任副主编。编写分工如下：上海市群益职业技术学校王金丽、陈梦娟编写第一章；袁敏敏编写第二章；沈琳编写第三章、第四章；孙晓飞编写第五章；程德宝编写第六章；管长海、于冬梅编写第七章；上海交通职业技术学院缪巧军、战欲进编写第八章；绪论由海南科技职业大学李庆军教授编写，并担任本书的主审。另外，中国汽车维修行业协会副会长、上海职业技术教育汽车维修技能大师工作室主持人、教授级高级工程师陶巍，上海文洋实业汽车营销服务管理中心售后总监韩炜，上海德辰汽车售后总监姜静燕，上海闵星汽车服务有限公司客户经理李冬，上海交通职业技术学院汽车系主任李丕毅，上海市浦东外事服务学校汽车专业部主任孔祥瑞，上海食品科技学校汽车专业部主任沈秀军等专家对本书编写提供了大量的实践经验和宝贵的指导意见，感谢他们的大力支持和帮助！由于编者经验有限和编写时间仓促，书中难免存在不妥之处，恳请广大读者批评指正。

编　者

2021年3月

目　录

绪　论

一、职业健康与安全的发展过程

1. 初级阶段(1950—1957)

1950 年,国家颁布《中国人民政治协商会议共同纲领》,提出工矿检查制度;1954 年,国家颁布《中华人民共和国宪法》,就“改善劳动条件,保护职工健康”作出明确的规定;1956 年国家颁布三大规程,即《工厂安全卫生规程》《建筑安装工程安全技术规程》《工人职员伤亡事故报告规程》。

2. 调整阶段(1958—1966)

1963 年,国家颁布《国务院关于加强企业生产中安全工作的几项规定》,规定提出“五项制度”,即安全生产责任制度、安全技术措施计划制度、安全生产教育制度、安全生产定期检查制度、伤亡事故调查和处理制度。同年,国务院批准并发布《防止矽尘危险工作管理办法》。

3. 破坏阶段(1967—1978)

中国的职业安全防护制度在这个阶段遭到极大的破坏。

4. 恢复发展阶段(1979—1990)

国家颁布了大量职业健康安全卫生法规,如《锅炉压力容器安全监察暂行条例》、《女职工劳动保护规定》等。

5. 逐步完善阶段(1990 年以后)

1991 年《未成年人保护法》颁布;

1994 年《劳动法》颁布;

1998 年《消防法》颁布;

2001 年《职业病防治法》颁布;

2002 年《安全生产法》颁布。

二、职业安全管理体系产生的背景

职业健康安全管理体系是 20 世纪 80 年代后期在国际上兴起的现代安全生产管理模式,

它与ISO 9000和ISO 14000等一样被称为后工业化时代的管理方法,其产生的一个主要原因是企业自身发展的要求。随着企业的发展壮大,企业必须采取更为现代化的管理模式,将质量管理、职业健康安全管理等所有生产经营活动科学化、标准化和法律化。国际上的一些著名大企业在大力加强质量管理工作的同时,已经建立了自律性的和比较完善的职业健康安全管理体系,较好地提升了自身的社会形象并有效地控制和减少了职业伤害给企业所带来的损害。职业健康安全管理体系产生的另一个重要原因是国际一体化进程的加速,由于与生产过程密切相关的职业健康安全问题正日益受到国际社会的关注和重视,因此相关的立法更加严格,相关的经济政策和措施也不断出台和完善。在20世纪80年代,一些发达国家率先研究和实施职业健康安全管理体系活动,其中,英国在1996年颁布了BS8800《职业安全卫生管理体系指南》,此后,美国、澳大利亚、日本、挪威的一些组织也制定了相关的指导性文件。1999年英国标准协会、挪威船级社等13个组织提出了职业健康安全评价系列(OHSAS)标准,即OHSAS 18001《职业健康安全管理体系——规范》、OHSAS 18002《职业健康安全管理体系——OHSAS 18001实施指南》。尽管国际标准组织(ISO)决定暂不颁布这类标准,但许多国家和国际组织继续进行相关的研究和实践,并使之成为继ISO 9000、ISO 14000之后又一个国际关注的标准。2007年,OHSAS 18001得到进一步修订是其与ISO 9001和ISO 14001标准在语言和架构方面得到进一步融合。直到2013年,国际标准化组织(ISO)开始编制一项新的标准——ISO 45001《职业健康安全管理体系要求及使用指南》,用于取代OHSAS 18001标准。

目前,我国经济高速增长,但职业健康安全工作仍有可提高空间,特别是加入WTO后,因为技术壁垒的存在,必将影响到我国的竞争力,甚至可能影响我国的经济管理体系运行。因此,我国政府必须大力加强这方面的工作,力求通过工作环境的改善,员工安全与健康意识的提高,风险的降低,及其持续改进、不断完善的特点,给组织的相关方带来信心和信任,也使那些经常以此为借口而形成的贸易壁垒不攻自破,为我国企业的产品进入国际市场提供有力的后盾,从而也充分利用加入WTO的历史机遇,进一步提升我国的整体竞争实力。

三、管理体系的建立过程

国家经贸委于2001年12月20日发布和实施了《职业安全健康管理体系指导意见》和《职业安全健康管理体系审核规范》。原国家质量监督检验检疫总局颁布了《职业健康安全管理体系——规范》GB/T 28001—2001,并于2002年1月1日起正式实施,同时加大了推广力度。2002年3月20日国家安全生产监督管理局下达关于印发《职业安全健康管理体系审核规范——实施指南》的通知。2002年6月29日,九届全国人大常委会审议通过了《安全生产法》,以促进企业《职业健康安全管理体系——规范》GB/T 28001—2001的实施。2012年2月1日,中国国家标准化管理委员会发布并实施《职业健康安全管理体系——要求》GB/T 28001—2011,用于代替原2001年的版本。2020年3月6日,国家市场监管总局、国家标准化管理委员会发布2020年第1号公告,批准《职业健康安全管理体系要求及使用指南》GB/T 45001—2020代替原2011年的版本,成为现行的最新标准。

我国在职业健康安全方面从一开始就十分重视,紧跟国际步伐。在原有标准基础上颁布的符合中国国情的《职业健康安全管理体系规范》主要内容包括17个要素,其中4.3.1对危险源辨识、风险评价和风险控制的策划为核心要素，中国标准研究中心北京质量认证咨询部对该标准进行了科学性的总结评价。

（一）对该标准的评价

（1）标准是一个成功的管理模式；

（2）标准要遵守两个承诺；

（3）标准体现出三级监控机制（保证机制）；

（4）标准进行了四个强调；

（5）标准具有系统性、先进性、预防性、持续改进、全过程控制五个特点。

（二）职业健康安全管理体系 17 个要素的相互关系

（1）危险源是职业安全管理体系的管理核心；

（2）职业健康安全管理体系必须以遵守法律为最低要求不断改进；

（3）明确组织机构与职责是实施职业健康安全管理体系的必要条件；

（4）职业健康安全目标和管理方案是实现持续改进的重要途径；

（5）运行控制是组织控制其风险的关键步骤；

（6）职业健康安全管理体系的监控系统对体系运行起保障作用。

（三）建立职业健康安全管理体系的意义

1. 强化组织自身的职业健康安全卫生管理，提高管理水平

职业健康安全卫生管理体系系列标准提供了一个机制，即将政府及社会对职业安全健康卫生的宏观管理和微观管理结合起来，使职业安全卫生管理成为组织全面管理的一个重要的组成部分，从而突破了单一的管理模式，使安全生产管理由被动地接受强制性的管理变为组织自愿参与的市场行为。

2. 推动我国职业健康安全卫生法律、法规的贯彻落实

职业健康安全卫生管理体系标准要求，组织必须遵守相关法律、法规及其他要求以及对持续改进做出承诺，并进行定期评审，判断其遵守的情况（一个事故隐患突出，事故不断的组织是很难想象能通过职业安全卫生管理体系认证的），以保证其持续遵守各项法律、法规的要求，使组织由被动接受政府的监察到主动接受管理部门的检查。

3. 有助于组织树立良好的社会形象，增加市场竞争力

组织为建立和实现职业健康安全卫生管理体系，要求满足法律、法规和其他要求，对员工和相关方的安全和健康提供有力保证，要求组织做好与相关方的交流，满足相关方的要求，有利于改善组织的公共关系，安定社会。这样从侧面反映这是一个具有社会责任感的组织，这有助于提高组织的信誉和市场竞争能力，有时会因此而获得投标的权利或相关方的认可。

4. 有利于提高员工的安全意识

职业健康安全卫生管理体系要求针对组织各个相关方职能和层次进行与之相适应的培训，使他们了解职业健康安全卫生方针及各个岗位的操作规程。管理体系的建立需要员工的共同努力和积极参与，有助于全员安全意识的提高。

企业建立职业健康安全体系和获取认证的意义在于全面规范、改进企业职业健康安全管理手段，最大限度减少各种伤亡事故的发生和尽可能消除职业疾病隐患，以保障企业的财产安全，提高工作效率；提高企业形象，打破贸易壁垒，在国内外竞争中处于有利地位，进而提高

市场份额提供持续满足法律法规要求的机制，降低企业风险，预防事故发生。改善政府、企业和员工之间的公共关系，增强企业凝聚力，提高企业综合竞争力；提高金融信贷信用等级，降低保险成本。

我国虽然历来对职业健康安全管理十分重视，制定了一系列相关的法律法规和标准，在实践中也取得了明显的成效，但仍然存在一些的问题和隐患，特别是近年来我国发生的一些重大事故，使我们深深感到，实施 ISO 45001：2008《职业健康安全管理体系要求及使用指南》已迫在眉睫。标准的实施能帮助我们充分辨识各种危险源，正确评价其风险并采取相应的控制措施，既保障了生命财产安全，又降低了生产成本，其实际及潜在的经济效益和社会效益均是不容忽视的。而以牺牲人员的健康安全为代价换取低成本的参与竞争则被视为不道德和不负责任的，越来越难以在市场上立足，更何况这种低成本只是暂时的，一旦发生事故，其物质上（赔偿、受罚）和精神上（公愤、内疚）的损失将呈几何倍数增长。

第一章
职业健康与安全相关法律法规

学习目标

1. 掌握劳动者的权利与义务；法律对劳动过程中特定问题的规定；劳动关系纠纷解决途径的相关知识。

2. 能够描述劳动者的基本权利与义务；能解读国家关于劳动者加班、休息、休假、女工和未成年工等方面的法律和保护条款。

3. 能意识到应用法律手段保护自身的健康与安全，减少职业危害和工伤事故的发生，成为一个懂法、守法、用法的新型劳动者。

第一节　劳动者的权利与义务

在劳动过程中，劳动者既享有广泛的法律权利，又要承担相应的法律义务，二者辩证地统一于劳动关系之中。

一、劳动者的权利

（一）对危险因素和应急措施知情的权利

（1）在订立劳动合同时，用人单位有义务将可能存在职业健康与安全隐患的环节在合同中书面载明，口头提及的无效，并且用人单位合同约定的免除自己相关责任的条款无效，如图1－1所示。

图1－1　知情的权利

（2）《中华人民共和国安全生产法》（以下简称《安全生产法》）第28条、《中华人民共和国职业病防治法》（以下简称《职业病防治法》)第22条都明确规定,用人单位应当在有较大危险的场所、设施、设备以及工序上在醒目的位置设置警示标识和中文说明,以时刻提醒、告诫劳动者注意健康与安全。

(3)用人单位还应当将应急预案中所列的事故发生时所采取的组织、技术措施和报警、急救、逃生等内容准确地告知劳动者,以便事故突发时有效地救护、逃生,以便降低损失。

拓展知识

应急预案:

所谓应急预案,是指政府及企事业单位为了应对灾害、事故等紧急情况,预先做好的领导组织、分工负责、协调配合、新闻宣传及后勤保障等计划方案。在遇到紧急情况时,即按照预定方案进行实施,统一指挥,各部门协调分工,进行应对。用人单位制定切实可行的应急预案是应对职业健康与安全事故的重要途径。

(4)劳动者有对变化中的工作场所的健康与安全的动态情况知悉的权利,用人单位不得隐瞒与欺骗。

(二)拒绝违章指挥、强令冒险作业的权利

在劳动过程中,如果遇到用人单位的违章指挥,被强令要求冒险作业,或者劳动者遇到了强令进行没有职业病防护措施的作业,法律明确赋予了劳动者享有拒绝权,如图1-2所示。《中华人民共和国劳动法》(以下简称《劳动法》)第56条、《安全生产法》第46条都规定了劳动者享有这样的权利。违章指挥和强令冒险作业对劳动者的生命安全与身体健康构成严重威胁,是导致事故和人员伤亡的直接原因,所以法律作出这样的规定旨在保护劳动者,警示管理人员必须照章作业。

图1-2 拒绝违章指挥

拓展知识

违章指挥与强令冒险作业:

违章指挥、强令冒险作业是指用人单位的负责人、管理人员或者工程技术人员违反规章、制度和操作流程,或者明知有职业危险、致害因素存在而又没有采取相应的防护措施,在作业开始或继续作业的情况下，忽视操作人员的安危，不顾操作人员的要求，强迫、命令其进行会危及操作人员生命安全或健康的生产作业行为。

（三）紧急状态下停止作业或撤离权（紧急避险权）

在生产过程中，会出现一些危及劳动者人身安全的危险情况，比如建筑施工中出现坍塌、坠落等情况，危险化学品生产中可能出现的毒气外溢、爆炸等情况，煤矿生产过程中出现透水、冒顶等情况，如果作业人员仍然滞留在工作岗位，就会造成重大的伤亡事故。

在危急情况下停止作业并从作业场所撤离出来，是法律为了最大限度地保护劳动者的人身安全而赋予劳动者的一项权利。用人单位必须遵守法定义务，不得因为劳动者撤离危险劳动场所导致损失而追究劳动者的责任。

拓展知识

紧急避险权的例外：

紧急情况下的撤离权是法律赋予劳动者的一项重要权利，旨在保护劳动者的生命安全与健康。但是该项权利不适用于特殊职业的从业人员，比如消防队员、救生员、飞行人员、船舶驾驶人员、车辆驾驶人员等。根据有关法律、国际公约和职业惯例，在发生危及人身安全的紧急情况下，他们不能或不能先行撤离从业场所或者工作岗位。

（四）批评、检举、控告的权利

针对用人单位存在的可能导致职业健康与安全事故的隐患，劳动者有权向单位或相关部门提出批评、检举或控告，以此敦促用人单位整改隐患，保障劳动者的职业健康与安全。同时，用人单位不得因此而降低其工资、福利等待遇或者解除与其订立的劳动合同。

用人单位应当对劳动者所提出的批评与建议进行区别对待：如果批评与建议是合理的，就应当予以采纳；如果批评与建议是不合理的，则应当给予解释；暂时不能解决问题的，则应当给予充分的说明。上级部门接到举报时，应当查清事实，并采取适当的处理措施。

（五）民主管理、民主监督的权利

职业健康与安全和每一个劳动者的切身利益紧密相关。《安全生产法》第7条和《职业病防治法》第36条都规定，工人（或工会）有权参与本单位安全生产和职业健康的民主管理，以维护职工在安全生产与职业健康方面的合法权益。

劳动者身处劳动一线，最清楚事故的隐患所在及危险因素有哪些，所以劳动者对安全生产工作和职业病防治有发言权。同时，他们在长期劳动中也积累出了一些应对危险的智慧与技能，能够提出合理、可行的建议。所以，应当充分重视劳动者的建议与要求。通过劳动者的参与、建议和监督，能够使管理者的决策更加科学合理。

（六）要求民事赔偿的权利

《安全生产法》规定，劳动者因生产安全事故而受到伤害的，除了享受工伤保险以外，还有向用人单位提出民事赔偿的权利。在工伤保险不足以补偿劳动者所受到的人身伤害及财产损失的时候，劳动者及其家属有权要求用人单位给予民事赔偿。

二、劳动者的义务

(一)遵守规章、服从管理的义务

用人单位的规章制度与劳动纪律是确保职业健康与安全的有效保障,劳动者有遵守这些规章的法律义务。如果劳动者有不服从管理,违反安全生产规章制度和操作规程的行为,应由生产经营单位给予其批评教育,依照有关规章制度给予处分;造成重大事故、构成犯罪的,应依照刑法有关规定追究其刑事责任。

(二)正确佩戴和使用劳动防护用品的义务

提供符合要求的劳动防护用品是用人单位的法定义务,而正确地佩戴和使用这些劳动防护用品则是劳动者的法定义务,如图1-3所示。现实中,一些职业伤害产生的重要原因就是劳动者缺乏足够的职业健康与安全意识,不按照规定的要求正确使用防护用品,如高处作业的建筑工人不使用安全带和安全网致使高空坠落受伤,从事化工的劳动者不穿防护服致使受到化学物品的毒害等。

(三)掌握安全知识、提高安全技能的义务

劳动者有义务熟悉生产工艺过程,了解各种设备、设施的性能,掌握作业的危险区域以及致害环节,具备对有毒有害物质安全防护的基础知识、生产环境危险因素的识别判断能力和排除设备故障的技能与方法,具备一定的现场紧急救护能力和紧急情况应对能力。

掌握特定的安全知识与技能,是劳动者保护自己与他人、远离职业伤害的可靠保障,也是劳动者基本素质的体现,更是劳动者必须遵守的法律义务。

(四)及时报告事故隐患与职业危害的义务

劳动者身处劳动第一线,他们是职业病致病因素与安全隐患的第一当事人,如果他们能够及时发现可能危及健康与安全的隐患与危险因素,并及时上报,就能够防微杜渐,为应急处理赢得时机。事实上,许多重特大事故的发生往往就和发现与报告不及时有关。所以,法律规定劳动者一旦发现不安全因素,就负有及时、准确报告的义务,如图1-4所示列出了从业人员的义务。

图1-3 正确佩戴防护用品

图1-4 及时报告的义务

第二节　劳动过程中特定问题的法律规定

劳动法规为保护劳动者的职业健康与安全,对工作时间与休假制度、特定主体的保护等内容专门作出了规定。这些规定是确保劳动者职业健康与安全的重要保障,也是劳动者维权的重要法律依据。

一、关于工作时间及休假制度的规定

(一)工作时间

我国现行《劳动法》明确规定:劳动者每日工作时间不超过 8 小时,平均每周工作时间不超过 40 个小时;用人单位应当保证劳动者每周至少休息一天;企业因生产特点不能实行劳动法上述规定的,经劳动行政部门批准,可以实行其他工作和休息方法;用人单位由于生产经营需要,经与工会和劳动者协商后可以延长工作时间,一般每天不得超过 1 小时;因特殊原因需要延长工作时间的,在保障劳动者身体健康的条件下延长工作时间每天不得超过 3 小时,每月累计延长不得超过 36 小时。

延长工作时间,又称加班加点。《劳动法》对加班加点工资的计算作出了明确的规定:

(1)安排劳动者延长工作时间的,给付不低于工资的 150% 的工资报酬;

(2)休息日安排加班但又不能补休的,给付不低于工资的 200% 的工资报酬;

(3)法定节假日安排劳动者加班的,给付劳动者不低于 300% 的工资报酬。

周六、周日可以安排调整休息,安排调休后不用支付加班工资。不安排调休的,应按平时的 2 倍支付加班工资。法定节假日加班不可以安排劳动者补休,因为该节日具有特定的意义,无法通过补休来实现劳动者在该日休息的权利,只能以加班费的形式给予弥补。

加班费的计算:

例如小王的基本工资为 1500 元,由于订单量大,工期紧,企业安排他国庆 7 天都工作,节后也不补休。请计算小王的加班费应为多少?

注意:

(1)国家规定的职工全年月平均工作天数和工作时间分别为 20.83 天和 166.64 小时,职工的日工资和小时工资应按此进行折算。

(2)我国国庆节的 7 天长假中,10 月 1、2、3 日是法定节假日,而其他几天则是前后两周的周末调整后形成的。所以同样是加班,但 10 月 4、5、6、7 日 4 天的加班在法律上的性质是不同的。

(二)休息和休假

(1)工作间歇休息:在一个工作日内,劳动者享有工间休息和用餐时间。

(2)日休息:劳动者在每昼夜(24 小时)内,除工作时间外,由自己支配时间。

(3)周休息:又称公休假日,是指劳动者在一周内享有的连续休息时间(1 天及以上)。《劳动法》第 38 条规定:“用人单位应当保证劳动者每周至少休息一天。”企业因生产特点不能实行时,经劳动行政部门批准,可以实行其他工作和休息办法。

(4)法定节假日:根据国家、民族的传统习俗而有法律规定的节日实行的休假。

(5)年休假:劳动者每年享有保留职务和工资的具有一定期限连续休息的假期,休假时间根据工龄或工作年限长短而定。

拓展知识

我国法定放假的节日、纪念日,全体公民放假的节日:

1. 新年,放假1天(1月1日);
2. 春节,放假3天(农历除夕、正月初一、初二);
3. 清明节,放假1天(农历清明当日);
4. 劳动节,放假1天(5月1日);
5. 端午节,放假1天(农历五月初五当日);
6. 中秋节,放假1天(农历八月十五当日);
7. 国庆节,放假3天(10月1日、2日、3日)。

部分公民放假的节日及纪念日:

1. 妇女节(3月8日),妇女放假半天;
2. 青年节(5月4日),14至28周岁的青年放假半天;
3. 儿童节(6月1日),不满14周岁的少年儿童放假1天;
4. 中国人民解放军建军纪念日(8月1日),现役军人放假半天。

(三)侵犯劳动者休息休假权利的主要形式

(1)对法律明令禁止加班的特定主体,如怀孕的女工或者在哺乳期的女工安排加班。

(2)未与工会或者劳动者协商一致,用人单位单方面安排加班。

(3)变相延长工作时间。用人单位通过提高劳动定额等方式,使劳动者在正常工作时间内无法完成定额,而不得不延长工作时间,侵害劳动者休息的行为。

(4)超过法定的最高延长时间的规定。

(5)不按规定安排劳动者休息休假。

(四)侵犯劳动者休息休假权利的法律责任

承担这种责任的形式有多种,既有一般的民事责任,又有行政责任,情节严重的还可能导致刑事责任。其中民事责任主要包括:支付劳动者加班的费用;赔偿劳动者因此而导致的损失;停止类似的侵权行为。而《劳动保障监察条例》则对侵犯劳动者休息休假权利的行为规定了相应的行政处罚措施。

二、对女工的特别保护

女工的身体结构和生理特点决定其应受到特殊劳动保护。女工的体力一般比男工差,特别是女工在“五期”(经期、孕期、产期、哺乳期、绝经期)有特殊的生理变化,所以女工对工业生产过程中的有毒有害因素一般比男工敏感性强。另外,高噪声环境、剧烈振动、放射性物质等都能对女性生殖机能和身体产生有害影响,如图1-5所示。要做好对女工的特殊劳动保护工作,避免和减少劳动过程给女工带来的危害。

女工是一个特殊的劳动群体,因其生理结构的特殊性与社会角色的特殊性,相关法律对女工的职业健康与安全作出了非常明确、细致的规定,如图 1－6 所示。

图 1－5　女工在特殊时期禁忌从事的劳动

图 1－6　女工禁忌从事的劳动

(1)禁止安排女工从事矿山井下、国家规定的第四级体力劳动强度的劳动和其他禁忌从事的劳动。

(2)不得安排女工在经期从事高处、低温、冷水作业和国家规定的第三级体力劳动强度的劳动。

(3)不得安排女工在怀孕期间从事国家规定的第三级体力劳动强度的劳动和孕期禁忌从事的劳动。对怀孕 7 个月以上的女工,不得安排其延长工作时间和夜间劳动。

(4)女工生育享受不少于 90 天的产假。

拓展知识

女工的孕期保护:

1. 怀孕 7 个月以上的女工,每天给予 1 小时工间休息并计算为劳动时间。

2. 怀孕女工在劳动时间内作产前检查,检查时间视作劳动时间。

3. 怀孕 7 个月以上的女工,经本人申请、单位批准,可请假休息,休息期间的工资应为本人工资的 75% 左右。休息期间,不影响其福利待遇和参加晋级、评奖。

4. 不得安排女工在哺乳未满 1 周岁的婴儿期间从事国家规定的第三级体力劳动强度的劳动和哺乳期禁忌从事的其他劳动。不得安排其延长工作时间和夜班劳动,更不能因女工怀孕、生育而辞退女工,如图 1－7 所示。

图 1－7　不应因女工怀孕、生育哺乳而进行辞退

职业禁忌:

职业禁忌症是指不宜从事某种职业的疾病或某种生理缺陷。在该状态下接触某些职业性危害因素时可导致下列情况:

1. 使原有疾病病情加重；
2. 诱发潜在疾病；
3. 影响后代健康；
4. 对某种职业危害因素易感，较易发生该种职业病者。

三、对未成年工的特别保护

未成年工（已满16周岁，未满18周岁）因身体尚未发育成熟，也缺乏生产知识和生产技能，过重及过度紧张的劳动、不良的工作环境、不适的劳动工种或劳动岗位，都会对他们产生不利影响，需要进行严格的劳动保护。

相关法律法规对未成年工的劳动保护做了特殊的规定：

(1)不得安排未成年工从事矿山井下、有毒有害、国家规定的第四级体力劳动强度的劳动。

(2)不得安排未成年工从事爆破、森林伐木、归堺及流放作业；凡在坠落高度基准面5米以上（含5米）有可能坠落的高度进行的作业；作业场所放射性物质超过《放射防护规定》中规定剂量的作业。

(3)对未成年工的劳动时间应加以限制，不得安排其加班、加点和夜间工作。

(4)用人单位在招用未成年工时，要对其进行体格检查，合格者方可录用，录用后还要定期进行体格检查，一般一年进行一次。

拓展知识

第四级体力劳动强度的劳动：

第四级体力劳动强度的劳动指在8小时工作日内，人体的平均能量耗费达到2 700千卡，劳动时间率为77%，即净劳动时间为370分钟，相当于“很重”的强度劳动。例如，煤厂的煤仓装煤工等。

当然，未满16周岁的少年儿童，参加家庭劳动、学校组织的勤工俭学和省、自治区、直辖市人民政府允许从事的无损于身心健康的、力所能及的辅助性劳动，不属于未成年工范畴。法律为惩罚非法使用未成年工的行为设置了法律责任，根据责任主体行为的性质及程度划分，分为追究民事、行政及刑事责任。

第三节 职业健康与安全的法律纠纷

拓展知识

案例故事“小姜的遭遇”：

2019年，小姜经人介绍进了一家金属制品公司，在酸洗车间做辅助工，当天就签订了一份劳动合同。不料,上班3个多月小姜先后3次受伤。第一次是右手被机器割伤,就医休息了14天;之后,他被安排从事分拣工作,上班时,机器上飞出的铁屑刺伤了他的鼻子,至今留有伤疤;3天后,小姜吃过午饭,上班才十几分钟又出事了。分拣机的齿轮咬住了右手手套,把他的手卷了进去。当即4个手指掉在地上,大拇指也受了伤。同事捡起他的手指,把他送进了医院。

在医院躺了3个月后,他找到公司一名负责人,与其谈工伤赔偿问题,对方说伤一个手指补偿1 000元。小姜对此接受不了,去劳动行政部门申请工伤认定。可他拿不出任何证据,证明自己是该公司的职工。小姜说,他在办出院手续时,公司有关人员收了他的病历卡、医药费结算单等资料,平时上班又没有上岗证、工资单,签订的劳动合同都在老板手里。目前,他唯一的证据就是3名同事的证言,他们都是一个车间的职工。还有一个"间接证据",就是金属制品公司通过当地镇司法所付给他的1 000元的生活费。

在劳动关系存续期间,劳动者与用人单位之间可能发生劳动纠纷,可能会涉及职业病、工伤的认定、赔偿和治疗等问题,劳动者应该了解相应的法律规定,善于用法律手段保护自己的合法权益。

一、劳动关系纠纷的解决途径

在劳动关系存续过程中,劳动者与用人单位间可能会发生这样或那样的劳动纠纷。劳动者可以通过协商、调解、仲裁、诉讼的途径寻求问题的解决。其中,协商与调解是双方通过友好沟通、相互谅解的方式来解决问题的有效途径。劳动仲裁已经成为解决劳动纠纷的最重要的手段之一。

(一)劳动仲裁

劳动仲裁是指劳动争议仲裁委员会根据当事人的申请,依法对劳动争议在事实上做出判断,在权利义务上做出裁决的一种法律制度。劳动争议仲裁委员会是设置在一定行政区的、由劳动行政部门代表、同级工会代表和用人单位三方组成的联合机构。

劳动争议仲裁的目的是促进社会稳定和劳动关系的和谐发展,保护企业经营者和职工双方的合法权益。劳动争议仲裁依循以下原则,即着重调解、及时受理、查清事实、依法处理、当事人在适用法律上一律平等。

(二)劳动诉讼

劳动诉讼是指人民法院依法对劳动争议案件进行审理判决的专门司法活动,具体包括劳动争议案件的起诉、受理、调查取证、审理和执行等一系列诉讼程序。当前我国劳动争议诉讼适用《民事诉讼法》规定的程序。但是劳动诉讼在诉讼标的、案件当事人、举证责任等方面又与普通民事诉讼有着明显的不同。

二、职业病的认定及救治

(一)我国职业病现状

职业病这一古老的疾病不是自然存在的,而是人类从事生产活动造成的,是人为引发的。如图1-8所示,截至2020年底,我国累计报告职业病病例近百万人。

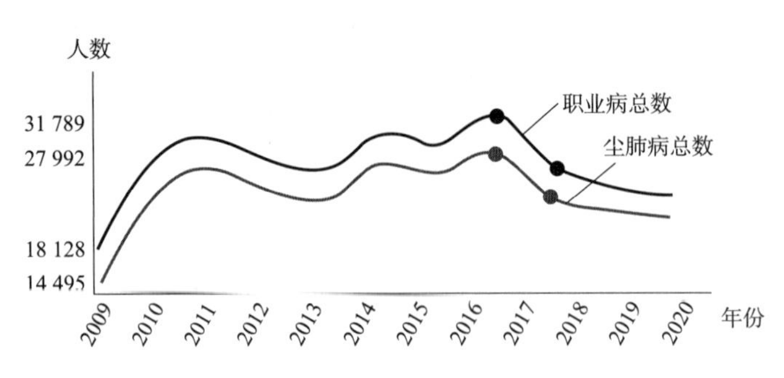

图 1－8　职业病分析曲线图

相关专家表示，随着监督执法力度的不断加强、职业健康体检率的提高、劳动者健康意识的提高以及诊断机制更加科学规范，我国职业病的检出率不断提升，加之尘肺病等传统职业病存在迟发性和隐匿性（煤矿尘肺病一般要接尘 10 ～ 20 年乃至 30 年才发病）。

职业病危害及其发病情况已经成为当今我国重大的公共卫生问题和民生问题，已经引起了党和政府的高度重视。

（二）我国职业病有哪些

如图 1－9 所示，我国职业病共分 10 类，132 种（国卫疾控发〔2013〕48 号）。

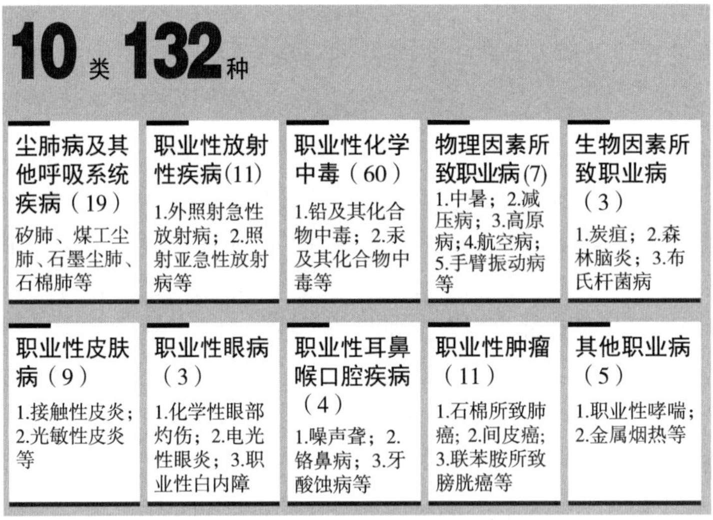

10类 132种

尘肺病及其他呼吸系统疾病（19）	职业性放射性疾病(11)	职业性化学中毒（60）	物理因素所致职业病(7)	生物因素所致职业病（3）
矽肺、煤工尘肺、石墨尘肺、石棉肺等	1.外照射急性放射病；2.照射亚急性放射病等	1.铅及其化合物中毒；2.汞及其化合物中毒等	1.中暑；2.减压病；3.高原病；4.航空病；5.手臂振动病等	1.炭疽；2.森林脑炎；3.布氏杆菌病
职业性皮肤病（9）	**职业性眼病（3）**	**职业性耳鼻喉口腔疾病（4）**	**职业性肿瘤（11）**	**其他职业病（5）**
1.接触性皮炎；2.光敏性皮炎等	1.化学性眼部灼伤；2.电光性眼炎；3.职业性白内障	1.噪声聋；2.铬鼻病；3.牙酸蚀病等	1.石棉所致肺癌；2.间皮癌；3.联苯胺所致膀胱癌等	1.职业性哮喘；2.金属烟热等

图 1－9　职业病的种类

（三）关于职业病的检查及鉴定

职业病的产生与劳动者的特定从业经历间有着法律上的因果关系，所以法律要求用人单位承担劳动者职业病鉴定过程中因为现场调查、检测以及健康检查而产生的各种费用。用人单位不得以任何方式将其转嫁到劳动者身上，收取劳动者的相关费用应予以退还。

在证明职业病方面，法律将一定的证明责任转移到了用人单位。如果用人单位举证不力，就应当承担违反职业病防治相关法律规定的后果。

拓展知识

职业病鉴定的法条规定：

《中华人民共和国职业病防治法》规定：

没有证据否定职业危害因素与病人临床表现之间的必然联系的，在排除其他致病因素后，应当诊断为职业病。

《职业病诊断与鉴定管理办法》规定：

没有证据否定劳动者的职业危害接触史、接触剂量、职业病危害因素与病人临床表现之间的必然联系的，且没有证据证明非职业因素与病人健康损害的必然关系的，应当诊断为职业病。

（四）职业病的治疗

劳动者不幸罹患职业病后就要接受治疗、康复和定期检查，用人单位不仅要按照国家有关工伤保险的规定支付相关的费用，还应当妥善解决职业病劳动者的工作岗位问题与津贴待遇问题，将国家规定的职业病待遇落到实处。劳动者在劳动中患上职业病会给劳动者的生活带来巨大的影响，给劳动者的身心带来巨大的伤害。作为受害者，劳动者除了享受法定的工伤保险外，还有权利从民事侵权的角度向用人单位索赔。

（五）怀疑自己得了职业病该怎么办

（1）可先向所在地卫生行政管理部门咨询，也可对照《职业病危害因素分类目录》，看是否属于国家规定的职业病。

（2）如所患疾病属目录中所列职业伤害造成的，应及时到当地卫生行政部门批准的职业病诊断机构进行职业病诊断。对诊断结论有异议的，可以在30日内到市级卫生行政部门申请职业病诊断鉴定。鉴定后仍有异议的，可以在15日内到省级卫生行政部门申请再鉴定。职业病诊断和鉴定按照《职业病诊断与鉴定管理办法》执行。

（3）诊断为职业病的，应到当地劳动保障部门申请伤残等级鉴定。伤残等级分十级，依照GB/T 16180—2014《劳动能力鉴定　职工工伤与职业病致残等级》进行鉴定。

（4）与所在单位联系，依照《工伤保险条例》等法律申请职业病治疗、康复以及赔偿等待遇。

三、工伤的认定标准和程序

（一）工伤的认定标准

按照《工伤保险条例》的规定，可以认定为工伤的情况如下：

（1）在工作时间和工作场所内，因工作原因受到事故伤害的。

（2）工作时间前后在工作场所内，从事与工作有关的预备性或者收尾性工作受到事故伤害的。

（3）在工作时间和工作场所内，因履行工作职责受到暴力等意外伤害的。

（4）患职业病的。

（5）因工外出期间，由于工作原因受到伤害或者发生事故下落不明的。

(6)在上下班途中，受到非本人主要责任的交通事故或者城市轨道交通、客运轮渡、火车事故伤害的。

(7)法律、行政法规规定应当认定为工伤的其他情形。

(二)在特殊情况下，即使不符合上述关于工伤的规定，但确实伤害与工作有一定的联系的，法律也明确规定以下伤害可以视同为工伤

(1)在工作时间和工作岗位，突发疾病死亡或者在48小时之内经抢救无效死亡的。

(2)在抢险救灾等维护国家利益、公共利益活动中受到伤害的。

(3)职工原在军队服役，因战、因公负伤致残，已取得革命伤残军人证，到用人单位后旧伤复发的。法律一方面明确规定了哪些可以认定为工伤；另一方面罗列出了不能认定为工伤或视同为工伤的情况，比如说，故意犯罪的、醉酒或吸毒的、自残或者自杀的就不得认定为工伤，从而使工伤的认定有了客观的规定与依据。

(三)申请工伤认定的程序

申请工伤认定，应按照以下程序进行：

(1)进行工伤认定。用人单位应当自事故伤害发生之日或者被诊断、鉴定为职业病之日起30日内，向统筹地区劳动保障行政部门提出工伤认定申请；用人单位未提出工伤认定申请的，工伤职工及其直系亲属、工会组织可以于1年内提出申请。

(2)对工伤认定不服的，可以提起行政复议或行政诉讼。

(3)伤情相对稳定后，如果存在残疾、影响劳动能力的，可以向设区的市级劳动能力鉴定委员会申请劳动能力鉴定，鉴定内容包括劳动功能障碍和生活自理障碍。

(4)申请鉴定的单位或者个人对设区的市级劳动能力鉴定委员会作出的鉴定结论不服的，可以在收到该鉴定结论之日起15日内向省、自治区、直辖市劳动能力鉴定委员会提出再次鉴定申请。省、自治区、直辖市劳动能力鉴定委员会做出的劳动能力鉴定结论为最终结论。

(5)根据伤残鉴定的等级，按照法律的规定进行赔付。

(6)鉴定结论做出1年内，情况发生变化的，可申请劳动能力复查鉴定，并根据新的鉴定结论进行赔付。

(四)申请工伤认定所要提交的材料

申请工伤认定，应当提交下列材料：

(1)工伤认定申请表。

(2)能够证明与用人单位存在劳动关系的相关材料(包括书面劳动合同、集体合同、经济合同中有关劳动关系的约定、劳资人事部门的用人证明材料、工资发放表、证人证言等)，如图1-10所示。

图1-10 提供相关证明材料

(3)工伤发生后，首次治疗工伤的病历，住院治疗的还需提供出院小结；患职业病的职工应提供由省级卫生行政部门所确定的具有职业病诊断资格的机构出具的职业病诊断书。

(4)其他相关证明材料。

（五）工伤的赔偿标准

《工伤保险条例》还对因工致伤的赔偿做出了细致的规定，包括因工伤住院期间费用的报销、停工留薪期间的待遇、配置辅助器具、伤残等级分别为1～4级、5～6级、7～10级者的工伤待遇以及工伤复发情况等。同时，还特别规定了因工致亡的补助金与抚恤金标准。

拓展知识

劳动者因工死亡的赔付标准：

职工因工死亡，其近亲属按照下列规定从工伤保险基金领取丧葬补助金、供养亲属抚恤金和一次性工亡补助金。

1. 丧葬补助金为6个月的统筹地区上年度职工月平均工资。

2. 供养亲属抚恤金按照职工本人工资的一定比例发给由因工死亡职工生前提供主要生活来源、无劳动能力的亲属。标准为：配偶每月40%，其他亲属每人每月30%，孤寡老人或者孤儿每人每月在上述标准的基础上增加10%。核定的各供养亲属的抚恤金之和不应高于因工死亡职工生前的工资。供养亲属的具体范围由国务院社会保险行政部门规定。

3. 一次性工亡补助金标准为上一年度全国城镇居民人均可支配收入的20倍。

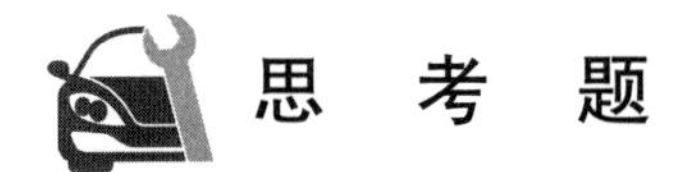

思考题

1. 职业健康与安全发展过程经过哪几个阶段？
2. 每个阶段的时间分别为哪个年代？
3. 中华人民共和国国家标准《职业健康安全管理体系——要求及使用指南》GB/T 45001—2020何时实施？
4. 法律规定劳动者享有哪些权利？
5. 用人单位应当告知劳动者哪些内容？
6. 何为应急预案？
7. 法律规定劳动者应承担哪些义务？
8. 劳动法规为保护劳动者的职业健康与安全，对工作时间是如何规定的？
9. 劳动法规为保护劳动者的职业健康与安全，对休假制度是如何规定的？
10. 法定节假日加班只能以加班费的形式给予劳动者弥补，加班费如何计算？
11. 国家规定的职工全年月平均工作天数和工作时间分别为多少？
12. 用人单位应当保证劳动者每周至少休息几天？
13. 我国法定放假的节日有哪些？分别为什么时间？
14. 侵犯劳动者休息休假权利的主要形式有哪些？
15. 相关法律对女工的职业健康与安全做出了非常明确、细致的规定。具体内容有哪些？

16. 女工生育享受不少于多少天的产假?
17. 何为职业禁忌症?
18. 对未成年工的特别保护有哪些具体内容?
19. 劳动争议仲裁的目的是什么?
20. 何为劳动诉讼?
21. 我国职业病有哪些?
22. 法条规定的职业病鉴定要求包括哪些?
23. 怀疑自己得了职业病该怎么办?
24. 工伤的认定标准有哪些?
25. 申请工伤认定,应按照哪些程序进行?
26. 工伤的赔偿标准有哪些?

第二章
经营企业的安全生产责任

学习目标

1. 掌握安全责任的保障、安全教育的内容及违反安全生产法律规定的责任。
2. 能解释危险的概念,辨识危险与评价风险认识,了解危险评价程序的重要性。
3. 掌握辨识危险应考虑的问题,危险源辨识应注意哪些方面。
4. 了解人的不安全行为所具有的特性,能辨识重大危险和危害因素,掌握辨识危险的方法。
5. 了解评价风险的定义,掌握评价风险应考虑的一系列问题和风险发生的可能性及后果的等级评价准则。
6. 了解预防事故及控制风险措施,要按规定穿戴个人防护用品、用具,并识别安全标志,掌握搬运的技巧。

第一节 安全责任的保障与教育

我国《劳动法》和《安全生产法》等法律明确规定了用人单位的安全生产责任,这些责任包括保障和教育两个方面。

一、保障

(一)制度与规定

组织制定本单位安全生产规章制度和操作规程,并向从业人员告知作业场所和工作岗位的危险因素,如何防范事故,以及事故发生后的应急措施等。

(二)机构与人员

依照《安全生产法》等规定,建立健全本单位安全生产责任制,如图2-1所示。设立企业生产监督管理机构或者配套专职安全生产管理人员。

图2-1 建立安全责任制

(三)装备保障

定期和不定期地督促、检查本单位的安全生产工作,及时发现和消除事故隐患。

(四)督促与检查

提供保障安全生产的各种物质技术条件,包括各种设备、设施和器材等,并需符合安全生产条件。提供从业人员所需的劳动防护用品。

(五)奖励与处罚

明确企业内部各方面在安全生产中的责任,并有相应的奖励和处罚办法。

生产经营单位的主要责任人是本单位安全生产工作的第一责任人,相关负责人必须在人力、物力、财力上保证安全生产的投入。特别是在有毒有害岗位,企业必须为从业人员配备合格和充足的劳动防护用品。

二、教育

如图2-2所示,对新工人必须进行厂级、车间和班级的"三级"安全教育,"三级"安全教育考核合格后才能上岗。

图2-2 安全教育培训

(1)针对工人所从事的岗位,分别进行安全操作技能的培训,杜绝违章操作。

(2)进行经常性的安全教育,牢固树立"安全第一"的思想,坚决克服麻痹大意和侥幸心理。

(3)对从事危险性较大的特种作业人员,如电气、起重、焊接、锅炉和压力容器等工种的作业人员,进行培训,并在取得相应的操作证或上岗证后,才允许上岗操作。

三、违反安全生产法律规定的责任

如图 2－3 所示，安全生产不仅关系到个人安危，而是可能会给企业、他人甚至社会带来灾难。根据国家有关法律规定，对安全事故责任人员必须追究法律责任。

（一）生产经营单位从业人员违反安全生产法律应负的责任

（1）作为企业的员工，若不服从管理，违反安全规章制度和安全操作规程，则可由生产经营单位给予批评，并对其进行有关安全生产方面知识的教育。也可依照有关规章制度，对其进行处分，具体办法根据单位内部的奖惩制度而定。

（2）针对不服从管理或违章操作，造成了重大事故的员工，若构成了犯罪，将依照刑法有关规定对其追究刑事责任。

（二）生产经营单位违反安全生产法律规定应负的责任

如图 2－4 所示，只抓生产，忽视安全，将存在极大的安全隐患。用人单位的劳动安全设施和劳动卫生条件不符合国家规定或者未向劳动者提供必要的劳动防护用品和劳动保护措施的，必须改正。生产经营单位违反安全生产规定发生安全事故，造成人员伤亡的，应承担赔偿责任。对事故隐患不采取措施或强令劳动者违章冒险作业，造成严重后果的，将对责任人员依法追究刑事责任。

图 2－3　违章操作

图 2－4　只抓生产忽视安全

第二节　辨识危险与评价风险

一、认识危险评价程序的重要性

根据职场健康安全法律的相关规定，一个员工的基本职责就是维持一个安全的工作环境，避免对健康造成危害。通过采用职场健康危险评价程序（见图 2－5），可以使员工和单位及早发现危险，减少危害，把人身伤害和财产损失降低到最低程度。

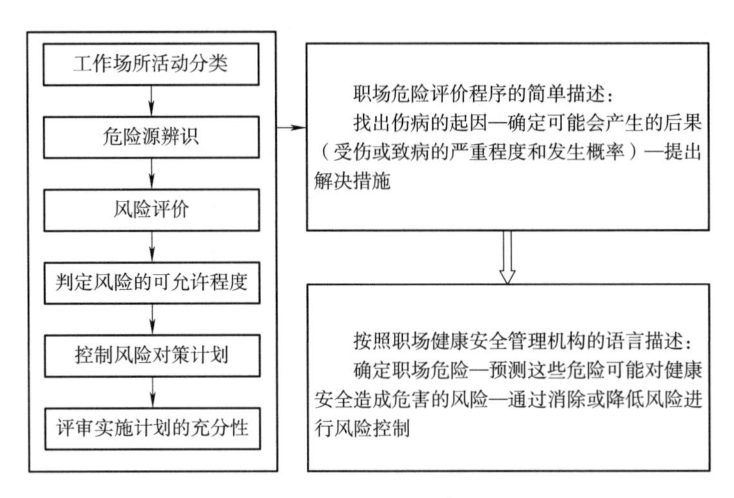

图 2－5　危险评价程序流程

二、辨识危险

(一)危险的定义

危险是指可能造成人员伤害、职业病、财产损失和作业环境破坏的根源或状态。它是指特定危险事件发生的可能性与后果的结合,也可理解为危害及危险源或事故隐患。

对危险进行进一步思考,可将造成危险的直接原因分成 5 类:

(1)物质条件:如车间的机器、噪声、电危险、照明不良、电磁辐射、高空作业及后勤保障不到位。

(2)化学制品:如危险的物质、商品。

(3)工作效率:如采用手工搬运。

(4)心理异常:如工作上的紧张刺激。

(5)生物制品:如细菌病毒和传染病媒介物。

例如,汽车修理工作每天都与汽油等有机溶液接触,图 2－6 表示了有机溶液危害健康的可能性。

(二)如何辨识危险

1. 定义

辨识危险是指识别危险的存在并确定其性质的过程。

危险的性质是指危险的类别及其造成事故的类型。

2. 辨识危险应考虑的问题

(1)存在什么危害(危险源)。

危险源是指一个系统中具有潜在能量和物质释放危险的,可造成人员伤害,在一定的触发因素作用下可转化为事故的部位、区域、场所、空间、岗位、设备及其位置。它的实质是具有潜在危险的源点或部位,是爆发事故的源头,是能量、危险物质集中的核心,是能量传出来或爆发的地方。

实际上,对事故隐患的控制管理总是与一定的危险源联系在一起的,因为没有危险的隐患也就谈不上要去控制它；而对危险源的控制，实际就是消除其存在的事故隐患或防止其出现事故隐患。

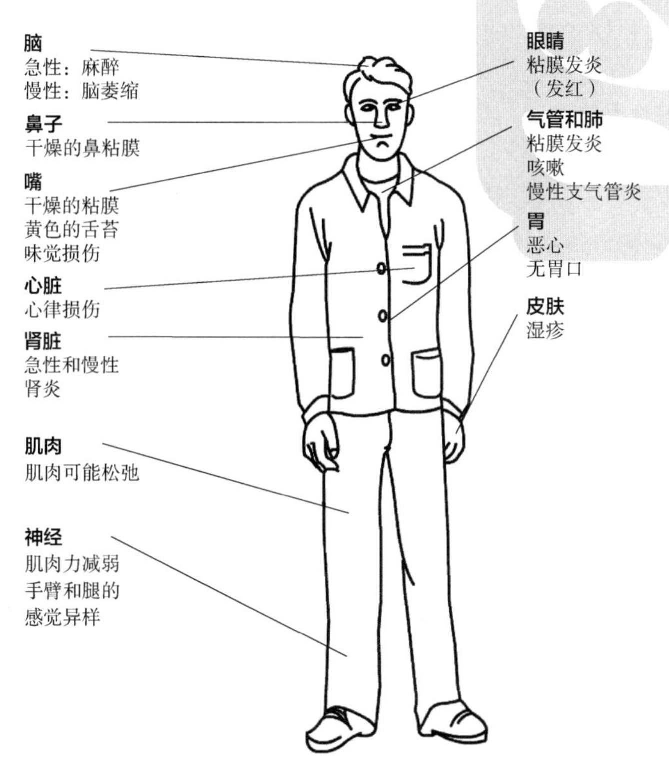

图 2－6　有机溶液危害健康的可能性

危险源在没有触发之前是潜在的，常不被人们所认识和重视，因此需要通过一定的方法进行辨识（分析界定）。

危险源辨识的方法很多，基本方法有：询问交谈、现场观察、查阅有关记录、获取外部信息、工作任务分析、填写安全检查表、危险与可操作性研究、事件树分析或故障树分析。这几种方法都有各自的适用范围或局限性，辨识危险源过程中使用一种方法往往还不能全面地识别其所存在的危险源，可以综合地运用两种或两种以上方法。

危险源辨识应注意的几个方面：

①施工工艺存在的职业危害。通过分析施工工艺构成，了解产生有害因素的作业源点及其散发有害因素的性质、特征等情况。施工工艺的特点不同，所产生的职业危害也有很大差别。例如：铁路工程中的硫磺锚固工艺，公路路面工程中的沥青摊铺工艺，土石方或隧道施工中的爆破工艺等等。

②作业方式存在的危害。在接触同类有害环境（物质）因素条件下，作业方式对职业危害的风险度有很大影响，应尽量考虑机械化或半机械化施工，并给作业人员配备专用劳动保护用品，以减少对人员的危害。

③作业环境中存在的职业危害因素。在同一种作业方式下，由于采用的物质、环境条件的不同，对人体的危害差别颇大。一方面要识别危害因素的类型，包括化学因素、物理因素、生物因素。另一方面要识别各危害因素的存在形态、分布特性、扩散特点、成分、浓度或强度

等。此外,还应分析危害因素产生及变化的原因,以便制定防护对策。

④作业人员接触有害因素的频率或时间。在生产方式类似,环境因素(物质)相同的条件下,职业危害因素的程度主要取决于工人接触的时间。

⑤劳动组织。有些危害是由于劳动组织不合理引起的,如作业时间过长。通过劳动组织还可了解职业危害对人体健康的影响情况,如接触尘毒的人群数量、性别特征、年龄结构及行为特征等。

⑥职业卫生防护设施。识别防护设施配置情况,是否配置有劳动卫生防护设备,是否实施通风、除尘、净化、噪声治理等,多工位作业场有效防护设备的覆盖面情况。防护设施运行情况,如设备是否能正常运行,运行参数如何。防护效果,如集尘、毒风罩是否完好有效,闸板是否灵活可靠无泄漏,净化效果、噪声消除、隔离是否有效等。

(2)伤害怎样发生。

①物体打击,指失控物体的惯性力造成的人身伤害事故。如落物、滚石、锤击、碎裂、崩块、砸伤等造成的伤害,但不包括爆炸而引起的物体打击。

②车辆伤害,指本企业机动车辆引起的机械伤害事故。如机动车辆在行驶中的挤、压、撞车或倾覆等事故,在行驶中上下车、搭乘矿车或放飞车所引起的事故,以及车辆运输挂钩、跑车事故。

③机械伤害,指机械设备与工具引起的绞、辗、碰、割戳、切等伤害。如工件或刀具飞出伤人,切屑伤人,手或身体被卷入,手或其他部位被刀具碰伤,被转动的机构缠压等。但属于车辆、起重设备的情况除外。

④起重伤害,指从事起重作业时引起的机械伤害事故。包括各种起重作业引起的机械伤害,但不包括触电,检修时制动失灵引起的伤害,上下驾驶室时引起的坠落或跌倒。

⑤触电,指电流流经人体而造成生理伤害的事故,适用于触电、雷击伤害。如:人体接触带电的设备金属外壳、裸露的临时线或漏电的手持电动手工工具;起重设备误触高压线或感应带电;触电坠落等事故。

⑥校园内的伤害,指学生活动不慎带来的伤害、个别故意伤害、校园设施不符合标准带来的伤害、学校教师工作疏忽或失职造成意外伤害、不法分子入侵伤害以及学校食品卫生方面而造成的伤害等。

(3)谁会受到(什么)伤害。

①物理性危险、危害因素。

种　类	内　容
设备、设施缺陷	强度不够、运动件外露、密封不良
防护缺陷	无防护、防护不当或距离不够等
电危害	带电部位裸露、静电、雷电、电火花
噪声危害	机械、振动、流体动力振动等
振动危害	机械振动、流体动力振动等
电磁辐射	电离辐射、非电离辐射等
辐射	核放射
运动物危害	固体抛射、液体飞溅、坠落物等

续表

种 类	内 容
明火	
能造成灼伤的高温物体	熟料、水泥、蒸汽、烟气等
作业环境不良	粉尘大、光线不好、空间小、通道窄等
信号缺失	设备开停、开关断合、危险作业预防等
标志缺陷	禁止作业标志、危险型标志、禁火标志
其它物理性危险和危害因素	

②化学性危险、危害因素。

种 类	内 容
易燃易爆物	氧气、乙炔、一氧化碳、油料、煤粉、水泥包装袋等
自燃性物质	原煤及煤粉等
有毒物质	有毒气体、化学试剂、粉尘、烟尘等
腐蚀性物质	腐蚀性的气体、液体、固体等
其它	

③生物性危险、危害因素。

种 类	内 容
致病微生物	细菌、病毒、其他致病微生物
传染病媒介物	能传染疾病的动物、植物等
致害动物	飞鸟、老鼠、蛇等
致害植物	杂草等
其他	

④生理性危险、危害因素。如:健康状况异常、从事禁忌作业等。

⑤心理性危险、危害因素。如:心理异常;辨识功能缺陷等。

⑥人的行为性危险、危害因素。如:指挥失误,操作错误,监护失误等。

⑦其他危险、有害因素。

3. 不安全行为与不安全状况危险分类

人的不安全行为可分为有意的不安全行为和无意的不安全行为两种:

(1)有意的不安全行为。有意的不安全行为是指有目的、有意图,明知故犯的不安全行为,是故意的违章行为。

(2)无意的不安全行为。无意的不安全行为是指无意识的或非故意的不安全行为。人们一旦意识到了,就会及时地加以纠正的不安全行为。

无论是有意的或是无意的不安全行为,都与人的心理个性密切关系:不良的个性倾向性(如不认真、不严肃、不恰当的需要和价值观)和某些不良的性格(如任性、懒惰、粗鲁、狂妄)往往会引起有意的不安全行为;能力低下和某些不良的性格(如粗心、怯懦、自卑、优柔寡断)往往导致无意的不安全行为;而良好的个性心理(如坚强的意志)有助于克服不安全行为。

(3)各种不安全行为的表现从性质上又可分为以下六类：

①忽视或违反规章制度；

②安全意识不强；

③判断、操作错误；

④不合理的人机匹配方式；

⑤缺乏安全知识；

⑥身体缺陷。

4. 人的不安全行为具有的特性

(1)相对性。人的行为是否安全不是绝对的。一方面，行为的安全与不安全之间没有绝对的界定，是相对而言的，以引发事故概率的大小和加大事故后果的相对严重程度来区别。另一方面，行为的安全与不安全是针对时空环境等众多条件而言的。同样一种行为在某种环境下是安全行为，而在另一种环境下可能就是不安全行为。

(2)后果不唯一性。不安全行为造成的后果不是唯一的，大体可分为三种：引发事故、扩大事故损失和没有造成事故(即未遂事故)。

(3)不确定性。不安全行为的相对性和后果不唯一性决定了它的难判断性。人们对不安全行为的判断往往依据长期的事故经验，事故未发生很难进行准确判断。而由于其后果不唯一，不能以行为后果来进行判断。引发事故概率很大的某行为偶尔一次没有引发事故同样是不安全行为，重复几次都没有引发事故的某行为不代表它是安全行为，因为一旦条件具备就有可能引发事故。

(4)普遍性。在生产活动中不安全行为是相当普遍的。根据海因里希法则，无伤害事故、轻微伤害事故和严重伤害事故的比例是300∶29∶1，而无伤害事故就是由不安全行为构成或引发的，而且常常在其引发事故之前重复很多次，这也是人们常常产生侥幸心理和麻痹的主要原因。

人的不安全行为是工人在生产过程中发生的，直接导致事故的人失误，是人失误中的特例。人的不安全行为是导致工业事故的直接原因，从发生事故的结果来看，确实已造成了伤害的行为是不安全的，或者说，可能造成伤害的行为是不安全行为。然而，如何在事故发生之前判断人的行为是不安全行为，往往很困难，人们只能根据以往的事故经验，总结归纳出某些类型的行为是不安全行为，供安全工作人员参考。

拓展知识

国家标准GB/T 6441—1986《企业职工伤亡事故分类》中将人的不安全行为危险归纳为13大类；将物的不安全状态危险归纳为4大类。如本书第四章中列举了与汽车维修方面有关的不安全状态。

5. 重大危险和危害因素的辨识

重大危险和危害因素是指能导致重大事故发生的危险和危害因素。危险物品是指易燃易爆物品、危险化学品和放射性物品等能够危及人身安全和财产安全的物品。

重大危险源是指长期地或临时地生产、搬运、使用或储存危险物品，并且危险物品的数量等于或者超过临界量的单元(包括场所与设施)。

一起事故的发生是危险源作用的结果,危险源在事故发生时释放出的能量是导致人身伤害或财产损坏的能量主体,并决定事故后果的严重程度。而人、物、环境的安全程度决定了事故发生的可能性大小。因此,必须采取措施限制物质释放的能量,控制危险源。

目前,国际上已习惯将重大事故特指为重大火灾、爆炸、毒物泄漏事故。在我国国家标准GB 18218—2018《危险化学品重大危险源辨识》中,将重大危险源分为生产场所重大危险源和储存区重大危险源两种,将危险物品分为爆炸性物品、易燃物品、活性化学物品和有毒物品4大类,并分别给出名称及其临界值。下面结合汽车修理行业职场情况,列出常用物质重大危险源的名称及临界值,如表2-1和表2-2所示。

表2-1 易燃物质名称与临界值

序号	类别	物质名称	临界值/t	
			生产场所	储存区
1	闪点<28℃的液体	甲醇	2	20
		乙醇		
		乙醚		
		汽油		
2	28℃≤闪点<60℃液体	煤油	10	100
3	爆炸下限≤10%	乙炔	1	10
		氢		
		甲烷		
		乙烯		
		一氧化碳		
		氢气化合物		
		石油气		
		天然气		

表2-2 有毒物质名称及临界值

序号	物质名称	临界值/t	
		生产场所	储存区
1	一氧化碳	0.30	0.75
2	二氧化碳	40	100
3	二氧化硫	40	100
4	三氧化硫	30	75
5	氮氧化合物	20	50
6	硫酸	20	50
7	甲醛	20	50

在工作中,作为一名汽车维修工一定要按照材料的安全数据进行操作。材料的安全数据由材料供应商提供,应包括以下内容:

化学产品和公司名称及相关证明;安全运输措施说明;危险因素;物理特性;引起火灾或

爆炸的数据;反应数据;健康危险数据;急救程序;泄漏程序;特别保护内容;毒性资料;生态资料;处理考虑的问题。

只有按照材料安全说明正确采用个人保护性用品、用具,才能安全搬运和储存。只有熟悉《中华人民共和国环境保护法》中对有毒、易燃易爆物品的处理规定,才能对这类物品进行安全的使用或废料回收。其搬运、个人保护等安全操作规定将在后面介绍。

6. 辨识危险的方法

了解各种危险状态和危险行为现象后,在工作场所中,通常采用以下5种方法确认危险:

(1)当员工看见有可能造成危险的情况时,报告给主管或安全管理员。

(2)员工和主管一起审查各方面的工作,思考可能存在危险源的地方。

(3)经常想想过去引起伤害的危险原因。

(4)联系本行业或其他类似行业的职场,找出人们认为将成为危险的情况。

(5)利用危险核对清单进行职场视察。

在上述5种方法中,使用危险核对清单进行职场视察是确认职场危险较好的方式之一,尤其适用于职场健康安全方面经验不足的人进行安全检查。特别是建立一个规律性的视察项目规范其效果会更好。如在高危险区域,每3个月检查一次。因此,当要建立一个视察危险核对清单项目时,应注重考虑以下几方面因素:

各职场中存在的或潜在的健康安全危险应作为首要视察区域;按照职场安全法规和有关国家标准视察某些危险的工作过程和操作过程;曾暴露过的健康安全问题。

基于以上考虑,当确立了规律性的检查区域和项目后,拟出危险核对清单,实施安全系统检查。

三、评价风险

(一)评价风险的定义

风险,就是生产目的与劳动成果之间的不确定性,大致有两层含义:一种定义强调了风险表现为收益不确定性;而另一种定义则强调风险表现为成本或代价的不确定性,若风险表现为收益或者代价的不确定性,说明风险产生的结果可能带来损失、获利或是无损失也无获利,属于广义风险,所有人行使所有权的活动,应被视为管理风险,金融风险属于此类。而风险表现为损失的不确定性,说明风险只能表现出损失,没有从风险中获利的可能性,属于狭义风险。风险和收益成正比,所以一般积极进取的投资者偏向于高风险是为了获得更高的利润,而稳健型的投资者则着重于安全性的考虑。

1. 定义

风险是指某个特定危险情况发生的可能性和后果的组合。

风险评价的基础是围绕危险可能性和后果两方面来评价风险。定性评价风险是将可能性的大小和后果的严重程度及危险性分别用语言或表明相对差距的数值或等级来表示。

2. 评价风险考虑的一系列问题

一旦按照职场危险清单检查以后,下一步就是评价风险。其方法就是提出一系列的问题,如:

(1)暴露人数。

(2)持续暴露时间和频率。

(3)供应(如水、电)中断。

(4)设备和机械部件以及安全装置失灵。

(5)暴露于恶劣气候。

(6)个人防护用品所能提供的保护及其使用率。

(7)人的不安全行为(不经意的错误或故意违反操作规程),如下述人员:

①不知道危险源是什么;

②可能不具备开展工作所需的必备知识、体能或技能;

③低估所暴露的风险;

④低估安全工作方法的实用性和有效性。

(8)增大受伤或生病可能性的危险因素。

在以上问题中,最重要的问题是:如果有人受伤或生病,将会有什么后果?工作在危险场所中,受伤或生病的可能性有多大?

(二)风险发生的可能性和后果的等级评价准则

1. 评价危险可能性和严重程度后果考虑的两个因素

第一个因素就是导致伤病的可能性。工作中接触的危险是否可能导致伤害或疾病,或同时导致两者产生后果的可能性。如果你在工作中接触了腐蚀性化学制品氢氟酸,它溅到了你的脸上,你的眼部就可能受伤。如果某人在过去的工作中接触了像石棉这种物质,将来他们就有患肺病或肺癌的风险。第二个因素就是产生伤病的后果。如果发生了危险情况或事件,工作人员就有可能:受重伤需要休长假;受轻伤需要休几天假;受点小伤,可能仅需要包扎治疗。

2. 可能性和后果等级评价准则

表 2－3 是用语言描述可能性等级的示例。表 2－4 是后果等级示例。

表 2－3　可能性等级示例

级　别	可　能　性	含　　义	示　　例
4	几乎肯定发生	预计在多数情况下事件每天至每周发生 1 次	单个仪器或阀门故障;软管泄漏;工人操作不当
3	很可能发生	多数情况下事件每周至每月发生 1 次	两个仪器或阀门故障;软管破裂;管道泄漏;人为失误
2	中等可能	事件有时发生,每月至每年发生 1 次	设备故障和人为失误同时发生;小型工艺过程或装置完全失效
1	不太可能	事件仅在例外情况下发生	多个设备或阀门故障;许多人为失误;大型工艺过程或装置发生失效

表 2－4　后果等级示例

级　别	后　果	失误(影响)		
		人　　员	环　　境	设备/元
4	重大	群死群伤	有重大环境影响的不可控排放	设备损失大于 1 亿
3	严重	一人死亡或群伤	有中等环境影响的不可控排放	设备损失 1 000 万 ~1 亿
2	中等	严重伤害,需要医院诊治	有较轻环境影响的不可控排放	设备损失 100 万 ~1 000 万
1	轻微	仅需急救的伤害	有局部环境影响的不可控排放	设备损失 10 万 ~100 万

(1)轻微伤害。表面损伤,轻微的割伤和擦伤,粉尘对眼睛的刺激。烦躁和刺激(如头痛),导致暂时性不适的疾病。

(2)中等伤害。划伤,烧伤,脑震荡,严重扭伤,轻微骨折。耳聋,皮炎,哮喘,与工作相关的上肢损伤,导致永久性轻微功能丧失的残疾。

(3)严重伤害。截肢,严重骨折,中毒,复合伤害,致命伤害。职业病,其他导致寿命严重缩短的疾病,急性不治之症。

四、评价风险方法

不同的安全组织可能会采用不同的风险评价方法,如果你面临多种风险,又想快速地确定最危险的一个,评价风险水平是一种非常有用且较为简单的方法,详见表 2-5。

表 2-5 危险性(风险水平)描述

风险水平		危险生产后果等级			
		轻 微	中 等	严 重	重 大
受伤可能性等级	几乎肯定	中	较高	高	高
	很可能	中	较高	较高	高
	中等可能	低	中	较高	较高
	不太可能	低	低	中	中

风险水平分为低、中、较高、高 4 个等级。

使用该方法评价风险水平的步骤:首先考虑危险产生的后果,确定危险是否会导致轻微伤害、中等伤害、严重伤害或重大伤害;然后再考虑事故发生的可能性,是几乎肯定、很可能、中等可能或不太可能。再找出风险评价表中两种情况的交叉之处,其风险评价等级即可确定。

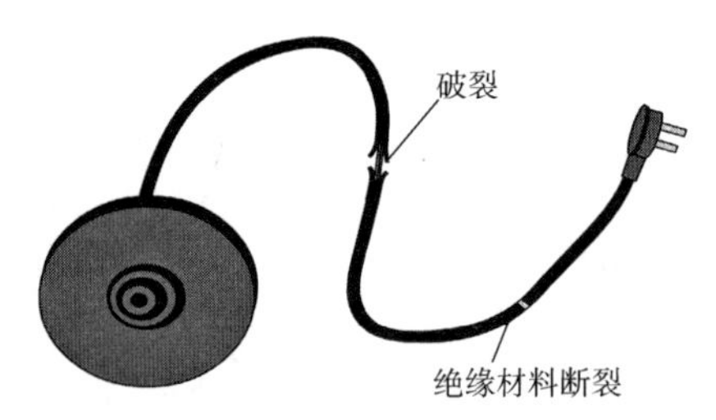

图 2-7 一段不安全的电线(不要用)

例如,进行职场视察时,当你发现一段长电线上包裹电线的绝缘层上有一切口,如图 2-7 所示。假如认为在绝缘层上有切口带来的后果是严重伤害,受伤发生的可能性是不太可能。那么,最终可确定两种情况交叉的风险评价等级是中等风险水平。

第三节 预防事故与控制危险的策略

通过职场检查从而确认危险,然后通过评价,如风险评价等级进行风险鉴定后,最终一步就是控制风险。风险控制意味着采取一系列控制措施降低或消除伤害发生的可能性和后果。

一、预防事故及控制风险措施

(一)事故的原因

1. 事故的定义

在生产过程中,事故是指人员死亡、伤害、职业病、财产损失或其他损失的意外事件。

事故的种类较多,我国按照导致事故发生的原因将事故分为 20 类,其中与汽车修理有关的事故形式有物体打击、车辆伤害、机械伤害、起重伤害、触电烫伤、火灾、高处坠落、容器爆炸、中毒和窒息伤害等。

2. 事故的原因

在汽车修理有关的事故中,引起的原因有两类:

(1)人的行为。具体表现为:忽视了存在的危险;没有采取适当的防范措施;因疲劳引起注意力不集中;闲荡。

(2)车间的环境。具体表现为:未对机器采取保护或保护不当;不正确或错误的工具等;不恰当的通风;车间照明不好。

(3)侥幸免撞事故。侥幸免撞事故是指人们再次失误时,处于同一情况下可能发生在身边的事故。

如图 2 - 8 所示是侥幸脱险的潜在危险。预防潜在危险事故的发生,是企业安全生产的保障。

图 2 - 8　侥幸脱险的潜在危险

(二)预防事故及控制风险措施

当确认危险,评价风险后,应寻找快速控制风险的解决方案,如图 2 - 9 所示为控制风险措施的选择原则。

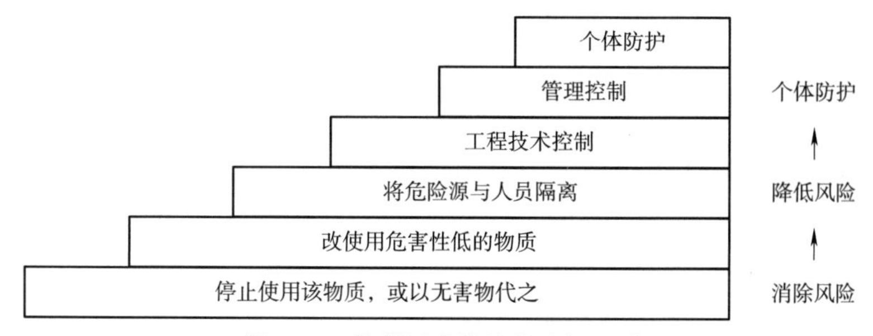

图 2 - 9　控制风险措施的选择原则

保护工作人员免受伤害的最佳方法是消除职场健康安全危险。当然,职场安全法律确立的规章制度也是把消除危险作为风险控制危险的第一步。

1. 消除风险

消除风险是指排除有毒性的物质，避免使用有危险的机器和避免采用错误的工作流程。

采用消除风险的方法并不能消除所有的危险。当消除风险的方法不可行时，职场健康安全法规要求将发生危险有关的风险的可行性尽可能降低。

在职场健康安全法规中，“可行性”是一个特定合法意义，“可行性”意味着与以下方面有关：

(1)可疑危险或风险的严重性。

(2)关于对危险或风险的排除、缓解方法的可利用性和可持续性。

(3)排除、缓解危险或风险的花费。

术语“可行性”很重要，因为不一定都能消除与危险有关的风险。但是，如果一旦确定了风险，而且已经审查了所有减少风险选项，最后确认这是“不可行”的，就一定要能够为以后的伤害事故在法庭上进行证明。

在法庭上将检查以上 3 项“可行性”因素是否考虑在内。

例如，仅仅基于花费而不能采取措施控制风险的决策是不充分的。

如果消除危险不能实施控制，下一步采用替代、隔离和工程技术控制措施都将是最好的解决方法。

2. 替代风险

替代风险是指把一个有毒性物质、危险的器械或危险操作过程，转换为对身体没有危害的物质或过程。

替代是一种花费较少的控制危险的方法。如果某个正在使用的化学制剂会释放危险的气体，能够用一种危害相对较小的化学制剂来替代，这将比安装贵重的通风系统更有意义。

3. 隔离风险

隔离风险是指使用某一个系统收集机器产生的烟雾，处理有毒物质或使用声音隔离间控制有噪声的器械。例如，汽车维修车间安装废气抽气设备用于排放所有汽车产生的废气。

4. 工程技术控制风险

工程技术控制风险是指通过改变工作流程、设备或工具等的工程技术设计来控制风险的方法。如：

(1)安装机器防护装置和机器操作控制系统。

(2)采用通风系统排除化学烟雾和灰尘，使用洒水湿润技术使灰尘程度最小化。

(3)在手动搬运过程中，改变工件陈列摆放位置，使人体弯曲和扭曲的程度最小化。

如果使用消除、替代、隔离或工程技术控制风险都不起作用，或当这些方法使用后，如果风险仍然存在，那么就应该使用行政管理方法控制风险。当行政管理方法使用后，如果风险仍然不能够得到有效的控制，那么就应使用个人防护用品、用具作为过渡性的措施，然而，在风险的源头没有得到消除或降低的情况下，上述两种风险控制方法至少是折中的办法。

5. 行政管理控制风险

行政管理控制风险是指改变工作流程，降低工作人员暴露在已有危险的频率。如：

(1)用工作轮换的方法来降低在危险环境的暴露时间。

(2)用控制处于危险环境次数的方法，控制暴露于危险的人数。

6. 个人防护用品、用具

个人防护用品、用具是指使用个人防护性服装、鞋、头盔和耳套等。

在确实不能降低危险情况下，确定个人防护用品、用具项目是很困难的。在计划配置个人防护用品、用具时，公司只有在考虑了其他的控制措施后，才能确定适用的个人防护用品、用具。因此，管理者通常需要做以下工作来确定项目：

(1)按照《中华人民共和国劳动法》第 54 条规定，选择适当的防护性用品、用具。

(2)为个人提供适合需求的防护性服装和用具。

(3)提供个人防护性服装和用具使用的指令。

(4)提供实施标准。

(5)提供有效的、清洁的个人防护性服装和用具。

员工的职责：使用公司提供的防护性服装或用具；不能以任何借口故意不用或误用防护性服装或用具。

二、按规定穿戴个人防护用品、用具

(一)危险物质对人体的伤害

人体能不断地忍受较低浓度的微量气体和灰尘，这将不危及人体健康。只有当浓度达到较高值时(如工作位置上产生较高浓度的污染物)，才能影响人体健康。

对于自然界经常出现的灰尘，人体的器官有不同的防御功能，如眼泪、鼻子的过滤系统等。但是，很微小的颗粒还是能进入肺泡。

危及健康的物质可能是固体状态、液体状态或气体状态，甚至是尘状的。这些物质通过吸入、吞下或皮肤渗透进入人体，对人体的影响主要是通过肺吸收，很小部分通过皮肤吸收然后由血液循环进入肝。图 2－10 表示了人体吸收危险物质的途径。

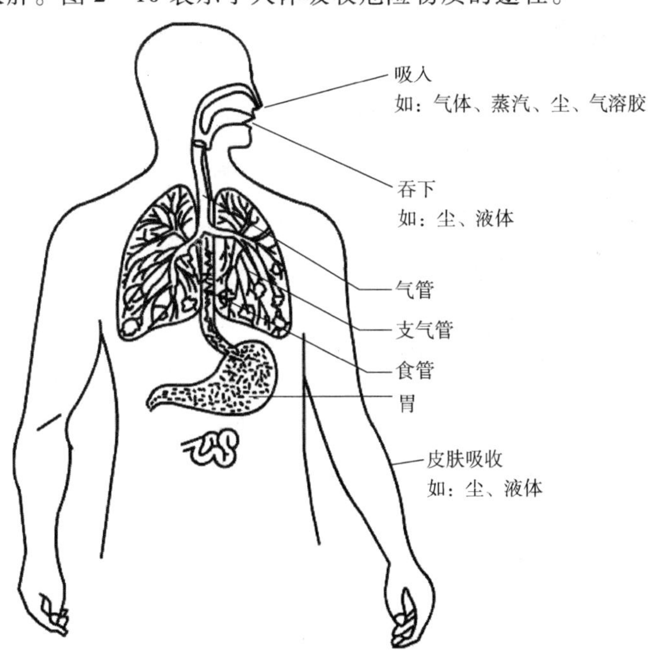

图 2－10　人体吸收危险物质的途径

1. 急性影响

这种影响非常容易被辨认,它们通常表现为短期的影响,例如:呕吐、呼吸困难;严重的时候,会发生突然死亡。大多数情况下,这些症状是临时的,可以完全消失。

2. 慢性影响

这种影响可能会很多年才被发现,包括肌肉抽筋、记忆丧失及癌症。有时,如果这些毒性移动,症状可能会消失,但是这种危害是长久的。

因此,与事故预防相关的重要因素是个人保护措施的程度。个人保护包括使用适当的工作服和使用特殊用途的保护用具。

(二)眼部保护

在职场某些工作中必须戴专门的护目镜,如图 2－11 所示。这种护目镜应符合国家标准的规定。

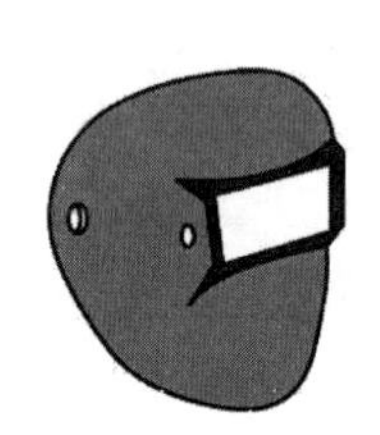

图 2－11　眼部保护用品

(三)保护性工作服

汽车修理工常见的保护性工作服是外套和安全鞋。安全着装要领如图 2－12 所示。

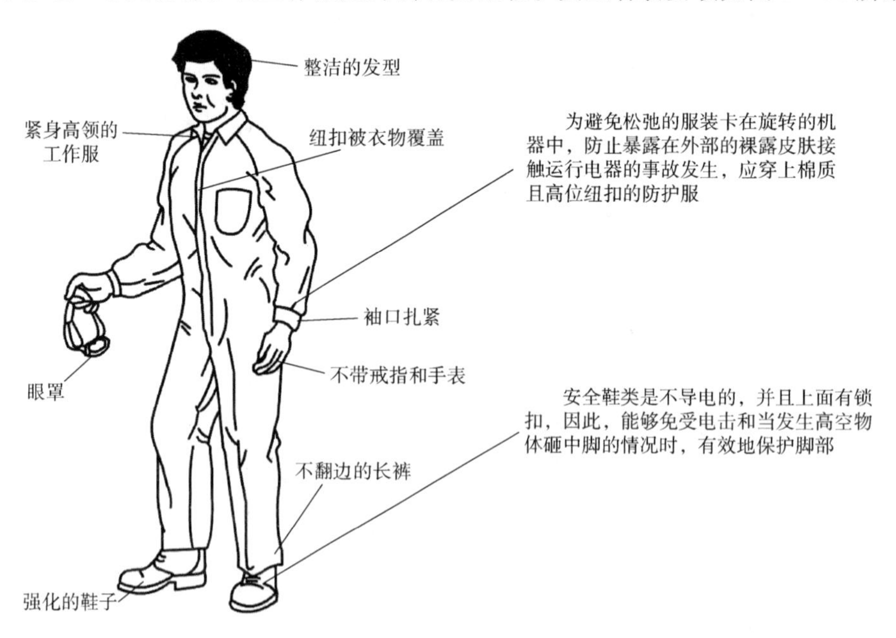

图 2－12　保护性工作服的安全着装要领

（四）耳部保护

1. 噪声的简单影响

噪声是指“任何干扰的声音”。实际上，当它使人高兴或愉快时，它就被视为声音。当它使人生气或恼怒时，它就是噪声。

噪声对人体的影响可通过测试反映出来，如血压、心跳和听力的异常变化。此外噪声还使人精神上增加负担，如紊乱、烦躁、生气、惊慌和疲劳等。图2－13表示了噪声紧张的因素。

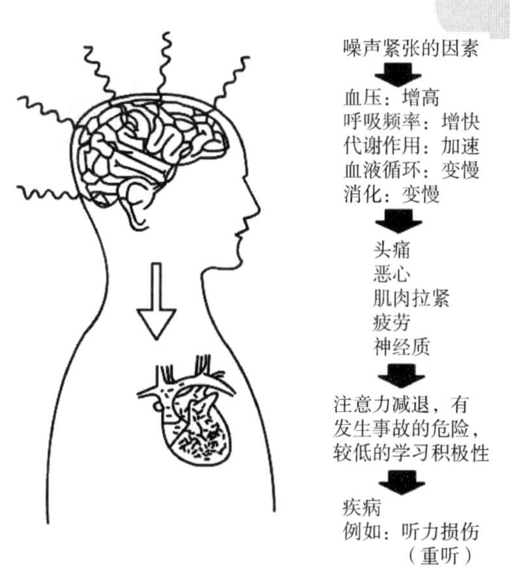

图2－13 噪声紧张的因素

然而，耳朵没有天然的保护机构，即使睡觉时，耳朵也在监听，并能被闹钟闹醒。但是，长年地、大部分工作时间在85 dB(A)以下的噪声环境，将会造成听力迟钝，这是一种相当普遍的职业病，这种职业病很不好治疗。图2－14表示了噪声水平对人体健康的影响。

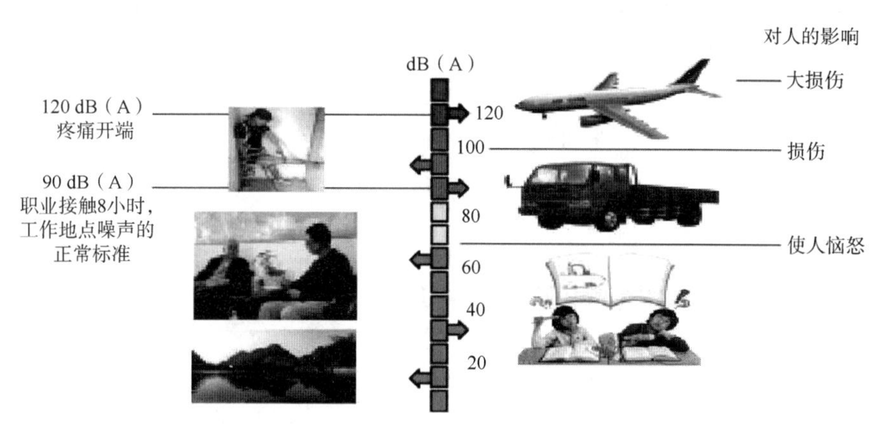

图2－14 噪声水平对人体健康的影响

根据汽车修理场中各工种噪声的强度、持久度、频率和范围不同，因此，噪声影响员工健康的 3 种方式如下：

(1)因短时间暴露在高噪声水平而暂时失聪。

(2)小范围暴露在非常高的噪声中(如发动机的噪声)，易直接导致永久性失聪。

(3)工作生活长时间暴露在高噪声水平下，产生永久性失聪。

由此可见，应该佩戴耳部保护用品防护人体耳朵，如图 2 – 15 所示。

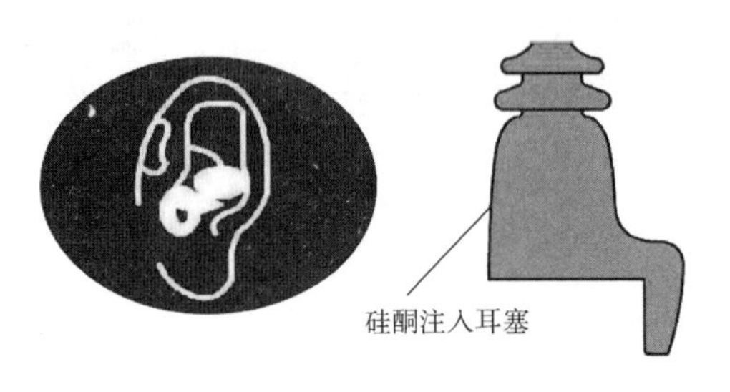

图 2 – 15　耳部保护用品

2. 佩戴防噪声护具应注意的问题

(1)耳塞有大、中、小号之分，应根据自己的外耳道选配。

(2)佩戴耳塞时，应将耳塞轻轻推入外耳道，使之与外耳道舒适贴合。

耳罩与防噪声罩佩戴前，应先进行外观检查，检查外壳有无开裂损坏等现象。佩戴时应调节耳罩位置，使之与耳郭舒适贴合。

(3)中耳炎患者不应使用耳塞，而应使用耳罩或防噪声帽。

佩戴耳塞后应无明显的痒、肿、痛和其他不舒适感。

(五)头部保护

在车间可能使用 3 种头部保护物品，如图 2 – 16 所示。它们是布帽、发网帽和硬帽。

布帽

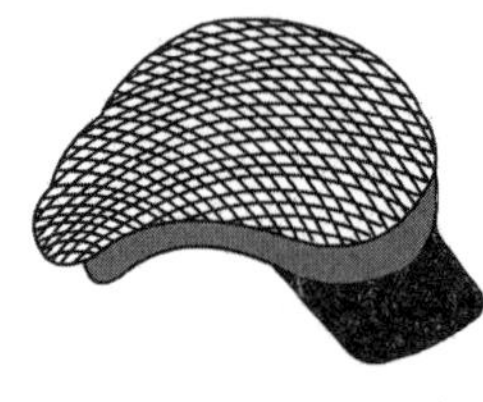

发网帽

硬帽

图 2 – 16　耳部保护用品

1. 正确使用和维护安全帽的方法

(1)由带子调节缓冲衬垫的松紧，人的头顶和帽体内顶部的空间至少要有 32 mm 才能使用。

(2)使用时不要将安全帽歪戴在脑后，否则会降低对冲击的防护作用。

(3)安全帽带要系紧，防止因松动而降低抵抗冲击的能力。

(4)安全帽要定期检查，发现帽子有龟裂、下凹、裂痕或严重磨损等应立即更换。

正确使用各类安全帽，如果戴法不正确，则不能起到充分防护作用，特别是对防坠落物打击的一类安全帽，更要懂得其性能，注意正确地使用和维护。

2. 皮肤保护

全面清洁皮肤，尤其是手、脸和颈部，特别重要的是保护手。

三、识别安全标志

安全标志根据国家标准规定，由安全色、几何形状和图形符号构成，如图 2－17 所示。根据《安全标志及其使用导则》（GB 2894—2008），国家规定了 4 类传递安全信息的安全标志：①禁止标志表示不准或制止人们的某种行为；②警告标志使人们注意可能发生的危险；③指令标志表示必须遵守，用来强制或限制人们的行为；④提示标志示意目标地点或方向。在民爆行业正确使用安全标志，可以使人员及时得到提醒，以防事故、危害以及人员的伤亡。

图 2－17　安全标志

1. 禁止标志

如图 2－18 所示，禁止标志的几何图形是带斜杠的圆环，其中圆环与斜杠相连，用红色，图形符号用黑色，背景用白色。我国规定的禁止标志共有 40 个，其中与电力相关的如：禁放易燃物、禁止吸烟、禁止通行、禁止烟火、禁止用水灭火、禁带火种、禁止启机修理时禁止转动、运转时禁止加油、禁止跨越、禁乘车、禁止攀登等。

2. 警告标志

如图 2－19 所示，警告标志的几何图形是黑色的正三角形、黑色符号和黄色背景。

我国规定的警告标志共有 39 个，如：注意安全、当心触电、当心爆炸、当心火灾、当心腐蚀、当心中毒、当心机械伤人、当心伤手、当心吊物、当心扎脚、当心落物、当心坠落、当心车辆、当心弧光、当心冒顶、当心瓦斯、当心塌方、当心坑洞、当心电离辐射、当心裂变物质、当心激光、当心微波、当心滑跌等。

图 2－18 禁止标志

图 2－19 警告标志

3. 指令标志

如图 2－20 所示。指令标志的几何图形是圆形，蓝色背景，白色图形符号。

指令标志共有 16 个，其中与电力相关的如：必须戴安全帽、必须穿防护鞋、必须系安全带、必须戴防护眼镜、必须戴防毒面具、必须戴护耳器、必须戴防护手套、必须穿防护服等。

图 2－20 指令标志

4. 提示标志

如图 2－21 所示。提示标志的几何图形是方形，绿、红色背景，白色图形符号及文字。

图 2－21 提示标志

提示标志共有 15 的个，其中一般提示标志（绿色背景）有 8 个，如：安全通道、太平门等。

消防设备提示标志（红色背景）有 7 个：消防警铃、火警电话、地下消火栓、地上消火栓、消防水带、灭火器、消防水泵结合器。

其实还有一个补充标志，补充标志是对前述 4 种标志的补充说明，以防误解。

补充标志分为横写和竖写两种。横写的为长方形，写在标志的下方，可以和标志连在一起，也可以分开竖写，写在标志的上部，如图 2－22 所示。

补充标志的颜色：竖写的，均为白底黑字；横写的，用于禁止标志的用红底白字，用于警告标志的用白底黑字，用带指令标志的用蓝底白字。

四、实施正确的人工搬运步骤

（一）人工搬运

从地面或工作台上搬物体是再平常不过的事了。搬抬物体时使用正确的方法有助于减小背部受伤的危险。

图 2－22 补充标志

人工搬运的关键要点：不要试图抬过多的物品，20 kg 通常是一个人的安全极限，从地面抬起物体时，两脚应微微分开，屈膝，背部挺直，用腿部肌肉提供力量抬起重物，不要猛颠物体；搬运重物时，让重物贴近身体，如图 2－23 所示。

（1）搬运 20 kg 以下物体时，应让物体贴近身体；

（2）背部挺直；

（3）膝盖弯曲。

（二）手动搬运

在工作场合中，如果你举起或者移动重物，应遵照正确的手动搬运程序，如图 2－24 所示；如果你不能确定正确的搬运程序，请与同事商讨，以确定正确的举拿技巧、搬运技巧以及不正确手动搬运的危险性。

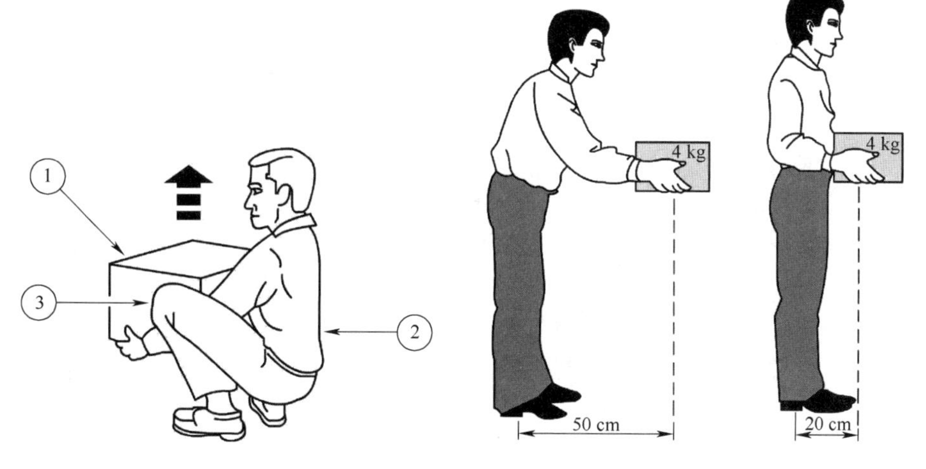

图 2－23 物体搬运方法

图 2－24 手动搬运

手动搬运应考虑以下因素：

(1)材料的储藏；

(2)保持堆放场所的整洁；

(3)改变工作程序使不标准的手动搬运最小化；

(4)搬运技巧。

1. 举升技巧

如图 2－25 所示，估计物体的质量，如果货物太重或者难以操作，可以寻求帮助或者使用手推车，并明确运输线路，确保道路清洁。站立时，应保持身体平衡。两脚分别站在物体的外侧，并且弯曲膝盖，如图 2－26 所示。运用手掌，双手牢固地握住物体。在慢慢举起物体的过程中，使背部挺直，站直，不要扭动身体，不要改变方向或移动，如图 2－27 所示。当放下物体时，弯曲膝盖，并且背放直，由于腿部肌肉比背部肌肉强壮，因此，必须运用腿部肌肉。绝对不要独自举起金属板，应由同事或者是利用叉车、手推车及其他机械方式来移动金属板。

图 2－25 准备提起货物　　图 2－26 正确的握法　　图 2－27 举起物体

2. 搬运技巧

搬运物体，使物体接近身体，如图 2－28 所示。正确的握姿：使用手掌而不是指头，这样会减少手臂、肩部及背部的压力，如图 2－29 所示。双眼直视目的地，如图 2－30 所示。

图 2－28 双手握姿

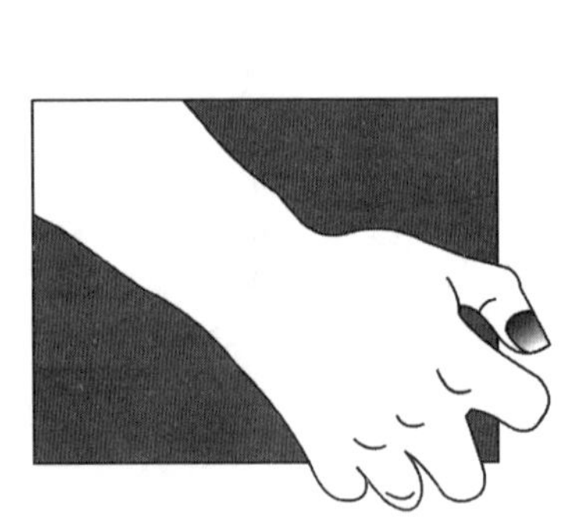

图 2－29 安全握法

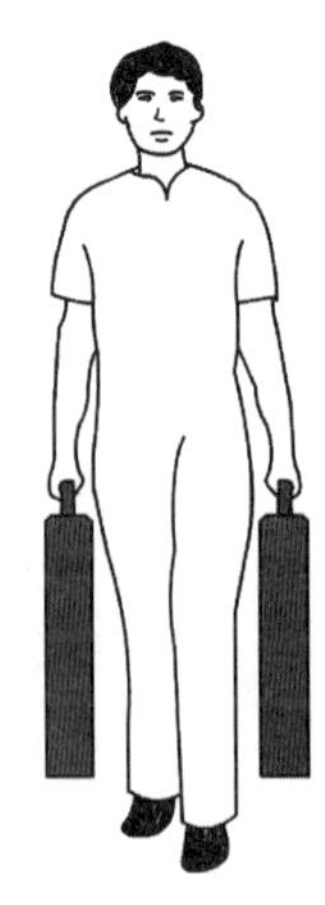

图 2－30 双眼直视

3. 下蹲技巧

放下重物的时候,应保持一个良好的握姿,在背部低处保持一个自然的拱形。再次弯曲膝盖,而不是用背。材料必须堆放在稳定的安全地方。

如图 2－31 所示,搬运时要注意正确的操作步骤。

当举起笨重或者庞大的物体时,特别是当物体存在以下情况,应寻求帮助。

物体为粗笨的外形且重于 16 kg 以上若进行长距离的搬运时,应利用设备进行,如图 2－32 所示。若需要频繁的扭转;要根据地面状况分析是否有危险,例如:不平坦、粗糙或者湿滑,如图 2－33 所示。

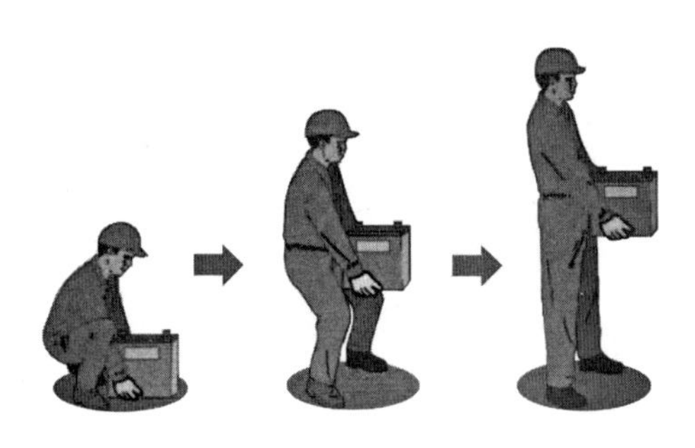

图 2－31　搬运的操作步骤

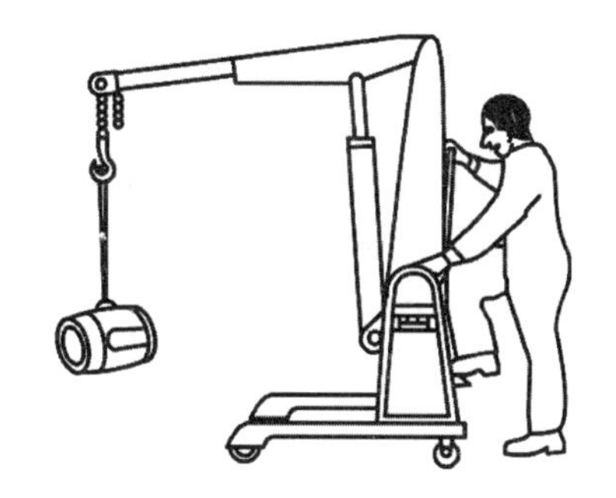

2－32　长距离搬运应利用设备

(三)手动搬运可能引起各种伤病的情况

(1)肌肉扭伤和劳损。

(2)引起肌肉、韧带、椎间盘和背部其他部位受伤。图 2－34 表示了背部受伤情况。

图 2－33　货物重于 16 kg

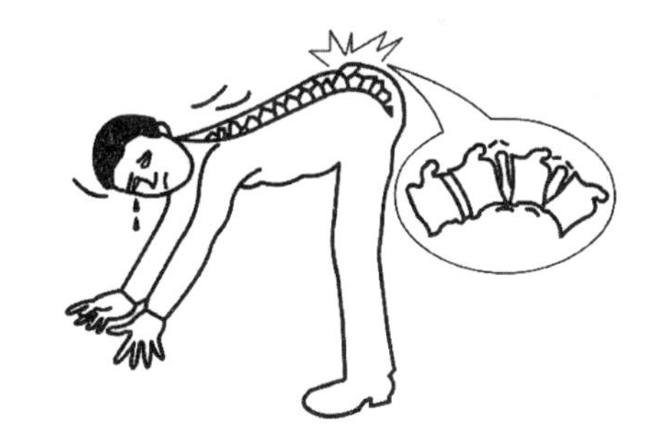

图 2－34　背部可能受伤的部位

(3)软组织受伤,如腕关节、手臂、颈部或腿部的神经、韧带和肌腱。

(4)腹部的疝。

(5)慢性的疼痛。

以上这些病症(与腕关节、手臂、肩部等软组织受伤有关)有一个共同的术语,称为“职业性过度使用综合征”。目前,该术语已取代了原来的称谓“重复性劳损”。常见的病情包括“作家型痉挛”和“网球型肘伤”,这些病症在医学上又称为“腱鞘炎”。

大多数的手动搬运受伤都是由举、推、拉或者拿东西引起的。几乎日常中的各类活动都需要手工搬运,日常中大约 60% 的时间人体损伤都是由于扭伤和劳损引起的,其中背颈的受伤都是由不正确的手动搬运所造成的。

五、举升机和起重机

对于超过 20 kg 的物体，建议使用活动吊车或千斤顶等起重装置。每种设备的使用都应进行专门培训，下面是一些常识性的规定：

（1）切勿超过所用设备的安全工作载荷，如图 2－35 所示。

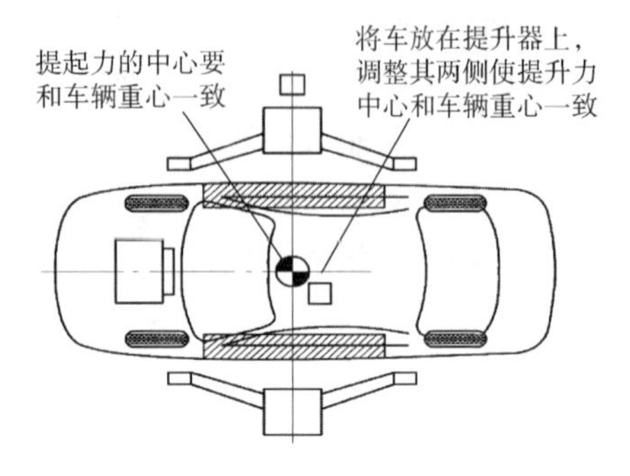

图 2－35 正确摆放举车

（2）在车下工作前，一定要用车桥支架支撑好汽车。

（3）举升或悬吊重物时难免有危险，切勿在无支承、悬吊或举起的重物（如悬吊的发动机等）下面工作。

（4）一定要保证千斤顶、举升器、车桥支架、吊索等起重设备胜任、状况良好并得到定期维护，而且适用相应作业，切勿临时拼凑起重装置。

思 考 题

1. 安全责任的保障包含哪五个方面？
2. 安全责任教育的内容是什么？
3. 违反安全生产法律规定的责任包含哪些方面？
4. 危险的含义是什么？
5. 如何辨识危险？
6. 辨识危险应考虑哪些问题？
7. 危险源辨识应注意哪几个方面？
8. 一般情况下伤害是怎样发生的？
9. 人的不安全行为具有哪些特性？
10. 辨识危险的方法有哪些？
11. 如何评价风险？
12. 评价风险的含义是什么？
13. 评价风险应考虑哪些问题？
14. 增大受伤或生病可能性的危险因素有哪些？
15. 风险发生的可能性和后果的等级评价准则是什么？
16. 评价风险采用什么方法？
17. 预防事故及控制风险采取哪些措施？
18. 危险物质对人体会造成哪些伤害？
19. 佩戴防噪声护具应注意的问题是什么？
20. 使用和维护安全帽的方法有哪些？
21. 如何识别安全标志？
22. 不同安全标志所代表的含义是什么？
23. 实施正确的人工搬运步骤有哪些？
24. 手动搬运应考虑哪些因素？

第三章 执行应急救援程序

学习目标

1. 了解事故应急预案的级别和基本应急程序,应急救援的内容。
2. 熟悉紧急情况报警程序和汽车修理常见的紧急事故情况类型及紧急报警步骤。
3. 掌握紧急情况疏散程序,火灾发生的4个基本要素,车间防火的措施。
4. 能正确使用消防器材和消防设备,并掌握灭火的原理。
5. 能对事故进行调查分析,掌握事故调查报告的填写程序(事故报告的原因、目的及对事故的立即回应)。
6. 掌握生产企业的安全生产检查制度,安全教育培训考核制度及重大危险源监控和重大隐患整改制度等。
7. 掌握实训实习安全操作规程和汽车维修实训中的规范操作与安全意识及维修职场的可能风险隐患。

第一节 认识事故应急预案的级别和基本应急程序

事故应急预案又称事故应急计划,是针对各种可能发生事故所需的应急行动而制定的指导性文件,是事故预防系统的重要组成部分。事故应急预案总目标是控制紧急事件的发展并尽可能地消除事故,将事故对人、财产和环境的损失减少到最低限度。

事故应急救援包括事故单位自救和对事故单位以及事故单位周围危害区域的社会救援。其中,工程救援和医学救援是应急救援中最主要的两项基本救援任务。在这里介绍工程救援的基本任务。

一、事故应急预案的级别

在应急救援的不同阶段实施什么行动要依靠决策过程，反过来，则要求对事故发展过程的连续评价。无论是谁只要发现危险的异常现象，第一反应人就应立即启动应急预案。

不同的人判断相同事故会产生不同的分级。为了消除紧急情况下产生的混乱，应参考企业和政府部门制定的事故分级指南。

应急行动级别是事故不同程度的级别数。事故越严重，数值越高。大多数工业企业采用以下三级分类系统：

(1)一级——预警：这是最低级别的应急级别。

定义：是企业可扩展的异常事件或容易被控制的事件。如小型火灾或轻微毒物泄漏对企业人员的影响，可以忽视。

通报：一般情况下，不需要通报。

行动：不需要援救。

(2)二级——现场应急：这是中间应急级别。

定义：已经影响企业的火灾、爆炸或毒物泄漏，但不会超出企业边界。外部人群一般不会受到事故的直接影响。

通报：通报上级安全主管部门负责人。

行动：需要外部援助，企业外人员如消防、医疗和泄漏控制人员应该立即行动。

(3)三级——全体应急：这是最严重的紧急情况。

定义：通常表明事故已经超过了企业边界。在火灾和爆炸事故中，这种级别表明要求外部消防人员控制事故。

通报：通报上级部门及国家有关安全管理部门。

行动：根据不同事故的类型和外部人群可能受到影响，可决定要求进行安全避难或疏散。同时也需要医疗和其他机构的人员支持，启动企业外应急预案。

在紧急事件初始阶段，某人可能是第一个发现者，他决定是否启动报警程序，也会决定启动相应的反应机制。

二、基本应急程序

基本应急程序主要是针对任何事故应急都必需的基本应急行动，包括一系列的子程序(见表3-1)。

表3-1 基本应急程序的一系列子程序

程序名称	程序描述
1. 报警程序	报警程序是指在发生紧急情况或突发事故过程中，任何人都有可能发现事故或险情，此时其首要任务就是向有关部门报警，提供事故的所有信息，并在力所能及的范围内采取适当的应急行动
2. 通信程序	通信程序是在应急中可能使用的通信系统，以保证应急救援系统的各个机构之间保持联系
3. 疏散程序	疏散程序的主要内容是从事故影响区域内疏散的必要行动
4. 交通管制程序	危险品运输车通过重要区段时，为防止交通阻塞和人员的过于密集带来的危险，应该实施交通管制，从而使危险品车辆顺利地通过复杂的关键路段，极大地降低危险。交通管制的程序主要包括警戒、约定的交通管制和快速交通管制
5 恢复程序	恢复程序是使在事故中一切被破坏或耽搁的人、物和事得到恢复，进入正常运作状态

三、应急救援培训内容

无论应急资源多么充分，应急组织多么完善，如果缺乏常规的、必要的人员培训和应急行动的演练，任何一个事故应急救援行动都不会获得成功。不管针对哪种事故应急，培训都必须包括以下内容：

(1)事故报警。

(2)紧急情况下人员的安全疏散。

(3)个人防护措施。

(4)对潜在事故的辨识。

(5)灭火器的使用以及灭火步骤的训练。

第二节 执行紧急情况报警程序

一、执行紧急情况报警程序的目的

(1)主要指导人员如何使用报警与通信设备。

(2)明确安全人员、操作人员或其他人员的报警职责。

二、汽车修理常见的紧急事故情况类型

(1)火灾。

(2)化学品的溢出和释放。

(3)爆炸威胁。

(4)水灾危害。

三、报警通报范围

在具体执行报警操作时，应该根据事故的实际情况，决定报警的接受对象，即通报范围。其通报流程如图 3-1 所示。

四、执行企业内紧急报警步骤

(一)企业内应急报警系统

通常，工业企业使用的报警与通信设备为电话、报警器、信号灯及无线电等。

应急报警系统的声音规定如下：

(1)火警——高声呼喊。

(2)气体泄漏报警——间断高/低声。

(3)全体警报——持续声。

提示：

(1)使用无线电、网络、电话通知工厂内部时间不应超过 5 min。

(2)通知人员范围为所有参观者、承包商及工作人员。

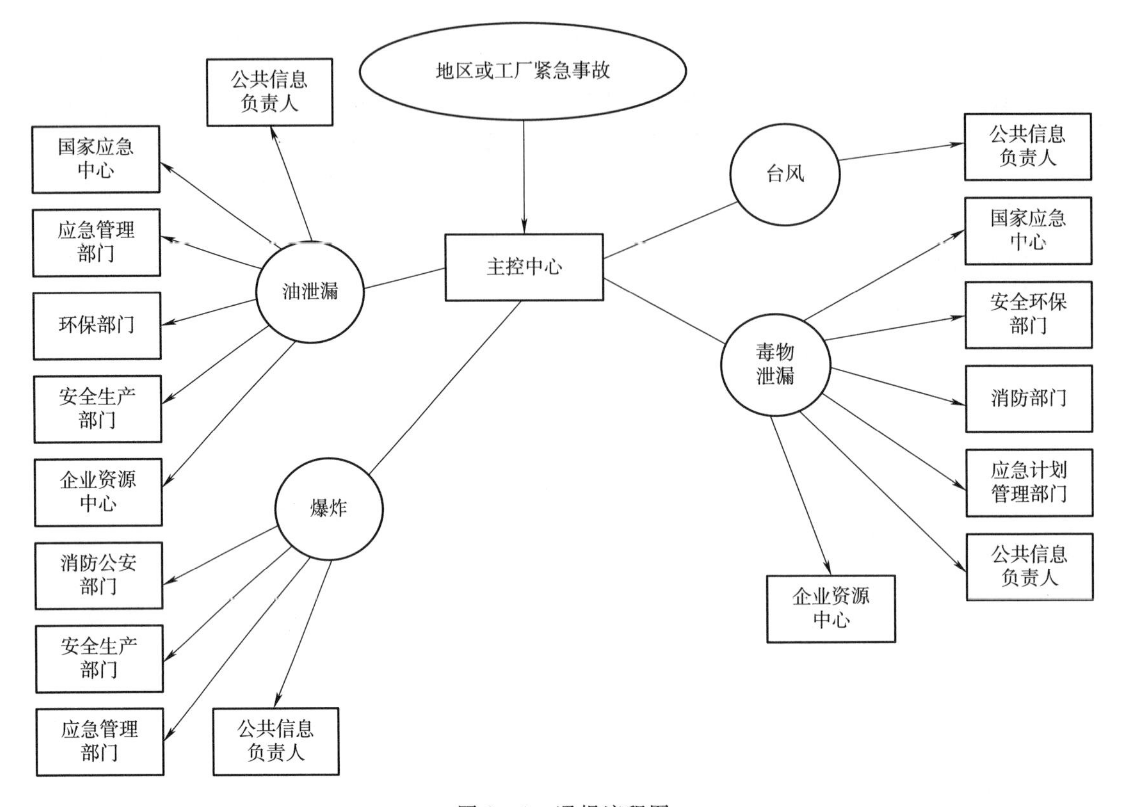

图 3－1 通报流程图

（二）紧急报警步骤

当人们遇到了紧急情况，需要救护车时，请拨打急救中心电话“120”，如图 3－2 所示；当需要消防队员帮助时，请拨打火警电话“119”。在拨打紧急报警电话时，应注意如下事项：

（1）当回答话务员问题时，要清楚叙述你所要求的服务项目。

（2）镇静而口齿清楚地表达信息，做好准备回答任何问题。

（3）叙述问题的主要内容如下：

①企业的名称和准确的位置，指明清晰的路标或证明身份的指示。

②报警人的姓名和电话号码。

③紧急事故的大致情况：如泄漏化学物质名称，该物质是否为极危害物质，泄漏时间及持续时间，泄漏量等。

④围困受伤者的数量。

⑤有关受伤者伤害情况的信息。

⑥涉及的危险，如火、化学溢出物和烟。

⑦获得进一步信息，需联系人的姓名和电话号码，以便得到更多的信息。

（4）等待，直到允许你挂掉电话为止。

（5）如图 3－3 所示，让某个人留在一个标志显眼的地方，指引紧急服务车辆到达正确地点。

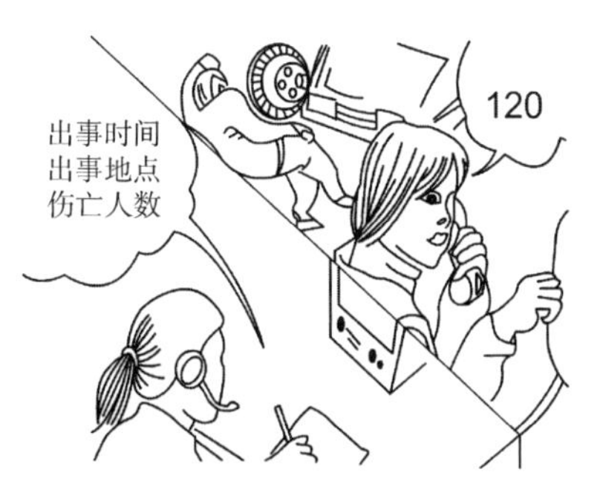

图 3－2 拨打报警电话

图 3－3 接应“120”救护车

注意：
拨打企业毒性资料中心电话可要求处理毒物泄漏方案。

 第三节 执行紧急疏散程序

职场的紧急情况，例如：火灾和化学品泄漏，如果处理不好，可能导致大规模的重大伤害和灾难。然而减少伤害和死亡的关键是采取迅速的、有计划的控制行动，进行紧急情况疏散程序的演练培训。

一、实施紧急情况疏散程序的关键因素

(1)证明造成职场紧急情况疏散的条件和事件级别的根据。

(2)疏散程序步骤中详细说明控制或限制每种特殊紧急情况的危险性。

(3)单位负责人宣布疏散程序的计划和处理的应急预案级别。

(4)疏散路线的图解、标语及出口标志清楚地展示在醒目的地方，如图 3－4 所示。

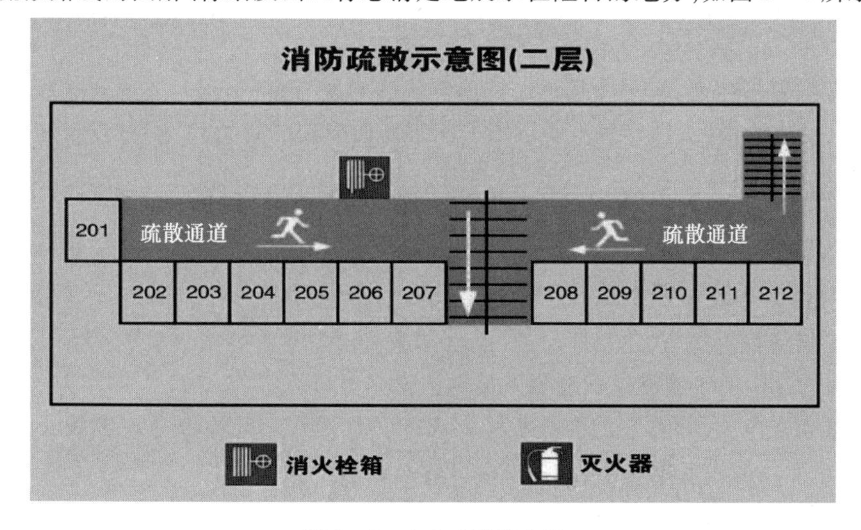

图 3－4 火灾疏散路线图

(5)明确应急反应组织人员的责任。应急反应组织中的人员包括单位安全责任人、火警火情控制小组和应急急救人员。

(6)应急反应组织成员大多数需进行有关应急技能的详细训练,其他负责人至少要进行基本的训练。

(7)明确职场中其他人的责任。

(8)如图 3-5 所示,执行例行的疏散演习和紧急系统的测试,如火警报警和警卫电话。

(9)依照安全疏散的程序进行集合和清理人数。

即使有了有效的程序,汽车修理场也必须具备一些基本的应急器具或者基础设施。在小型汽车修理场,这些设施就是指火灾和烟检查系统,灭火器、灭火水龙带和潜在的防火墙、门或消防井。

图 3-5 疏散演习

二、火警疏散程序的典型步骤

(1)如图 3-6 所示,按动报火警信号按钮。当听见“准备疏散”的警告信号或者被告知将被疏散时,立即关掉电源,同时呼喊救助,如图 3-7 所示。

图 3-6 按动报火警信号按钮

图 3-7 呼喊救助

(2)当疏散警报响起,应试图接近周围所能出去的所有窗户、门口并离开这些地区。如果很难关闭门、窗或者接近它们,就不要试图关闭它们而浪费时间了。不要锁门,这样会使消防云梯很难到达这个地区。

(3)按照规定向管理人员上报。

(4)协助那些不了解这一工作地区的特殊人群,如客户、供应商和参观者等直至走到安全紧急出口。

(5)在高层或低层地方工作的人员,应使用紧急通道,并遵循火警管理的用法说明,如图 3-8 所示。这些说明能够指引疏散人员走向安全出口。

(6)不要使用电梯,除非它们拥有承受火灾的特殊设计。其原因是电梯线路通常很快受大火影响而烧断。如果电梯下落,乘客就会被困在电梯中。

(7)到达集中地,并且开始统计工作场所附近的所有人数。

(8)不要企图再次进入建筑物,直到发出警报解除信号。不管是演习疏散还是真正的疏散,都应该遵循标准的疏散程序。唯一例外的是,主管和管理者建议改变疏散程序。

图3-8　走安全出口

 第四节　执行火灾消防程序

一、火灾发生的4个基本要素

要素1——燃料

燃料是指任何易燃物质,即任何可以燃烧的液体、固体或气体。如汽油、柴油和煤油等各种润滑油品。

要素2——着火源

着火源就是指点火所需的热量。这可能是一个火花、裸露的火焰、烟蒂、摩擦或者带电的插座。热量对于维持火的势头,特别是液体或固体的燃料火灾是很重要的。

要素3——氧气

空气里有20%的氧气,其中有16%的氧气可以燃烧。

要素4——化学反应链

当着火发热时,适量的燃料和氧气在合适的条件下能产生火灾。

上述4个基本要素组合了所谓的"火灾四面体形式"。了解这4种因素是了解火灾防护和怎样灭火的关键。

二、车间防火措施

防止或灭火的原则是要求必须按照火灾形成的4个基本要素之一行动,必须努力阻止着火源产生或者减小燃料量,其中减少氧气的总数量是不可行的,因为火灾需要的氧气比空气中氧含量少得多。因此,在汽车维修工作中,应采取以下措施避免火灾:

(1)只能在吸烟区吸烟。

(2)通道和出口不能储放物品和废物,减少易燃材料。

(3)迅速移开废纸、包装箱、旧布等易燃物质,避免火灾危险。

(4)确定电器具(电炉等)在下班后关掉,包括计算机及计算机监视仪。

(5)及时更换任何破裂的、磨损的或损坏的电插座。

(6)确定发热器安装在空气流通的地方,如汽车车身修复加热碳棒等。

(7)避免运作的电线或电插头通过门或通道,应该把它们放在机器或办公用具后面或下面。

(8)不能使用超功率插座或延长配电板。

如果发生火灾,应该首先拉响警报(如通过"打破玻璃"警报,联系管理者等),并且在做任何事之前,先打电话报火警。在拉响警报以后,如果火势小,应该试图灭火,及时消除火险。因此,平时经过灭火器使用训练很重要,只有这样才能确保人员在关键时刻会选择和使用正确的灭火设备去处理火情。

三、正确使用灭火器

当火势形成后,灭火的基本对策就是抑制和扑灭火焰。因此,明白起火的原因,弄清各类型的灭火器产生的灭火作用,以及实施灭火的特殊技术要求非常重要。

(一)灭火原理

当使用某一种灭火器灭火时,必须做到以下工作:

(1)隔离燃料——借助于这种灭火器中灭火剂的某些特定功能,设法使可燃物与氧化剂(氧气)彻底隔绝。

(2)隔离氧气——将可燃物周围的氧气稀释或消耗到支持燃烧的浓度值以下。

(3)减少热量——大大降低可燃物表面的温度,或抑制和破坏链式燃烧反应。

(二)火灾的分类

在GB/T 4968—2008《火灾分类》标准中,将火灾分成A、B、C、D、E、F六大类。

A类火灾:指含碳固体可燃物燃烧所产生的火灾。如木材、棉、毛、麻、纸张、橡胶和塑料等物质燃烧所产生的火灾。

B类火灾:指可燃液体和可熔化的固体燃烧所产生的火灾。如汽油、煤油、柴油、甲醇、乙醇、乙醚、沥青和石蜡等物质燃烧所产生的火灾。

C类火灾:指可燃气体燃烧所产生的火灾。如煤气、天然气、液化石油气、甲烷、乙烷和氢气等物质燃烧所产生的火灾。

D类火灾:指活泼金属燃烧所产生的火灾。如钾、钠、镁、钛、锂和铝镁合金等物质燃烧所产生的火灾。

E类火灾:指带电火灾。物体带电燃烧的火灾。

F类火灾:指烹饪器具内的烹饪物(如动植物油脂)火灾。

在一些国外的标准中,将火灾分成了A,B,C,D四类(Class A Fire,Class B Fire,Class C Fire,Class D Fire),其中,A类火灾和D类火灾与我国的分类相同,但B类火灾却是将可燃液体和可燃气体所产生的火灾合并成一类,而C类火灾则是特指电气设备所产生的火灾。

(三)正确选择和使用常用灭火器

如图3-9所示,灭火器的种类很多,常用灭火器按所充装的灭火剂可分为泡沫、二氧化碳干粉、气体灭火器等。

1. 泡沫灭火器

适用范围:主要适用于扑救A类火灾,如木材、纤维和橡胶等固体可燃物火灾;B类火灾,如油制品和油脂等火灾。

泡沫灭火器的使用方法如图3-10所示。

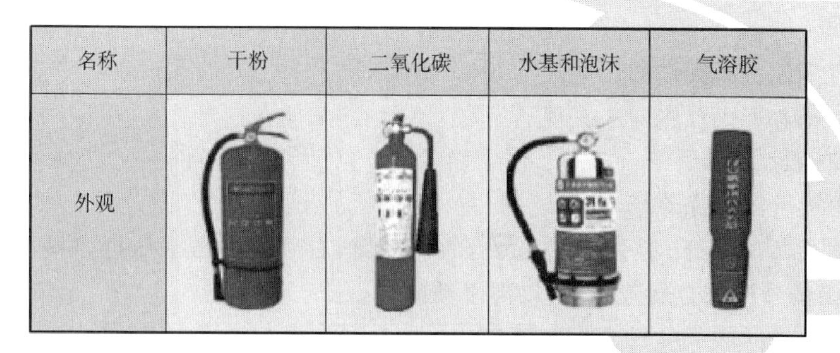

名称	干粉	二氧化碳	水基和泡沫	气溶胶
外观				

图 3－9 不同种类的灭火器

(a)

(b)

(c)

(d)

(e)

(f)

图 3－10 泡沫灭火器的使用方法

灭火步骤：

(1)右手握着灭火器压把手，左手托住灭火器的底部，将高出地面 1.5 m 处存放的灭火器取下。

(2)用手提着灭火器跑向火灾现场。

(3)右手捂住喷嘴端，左手置于灭火器底部边缘。

(4)将灭火器倒置并呈垂直状态，用力上下晃动数次，然后打开喷嘴。

(5)右手抓住筒耳，左手抓住灭火器底部边缘，把喷嘴朝向火灾燃烧区，距离火源 10 m 处喷射，并不断向火源靠近，围绕火焰喷射，直到将火扑灭。

(6)扑灭后，把灭火器卧放在地上，并将喷嘴朝下。

2. 二氧化碳灭火器

适用范围：主要适用于各种易燃、可燃液体，可燃气体火灾，还可扑救仪器仪表、图书档案、工艺品和低压电器设备等的初起火灾。二氧化碳灭火器的使用方法如图 3－11 所示。

(a)

(b)

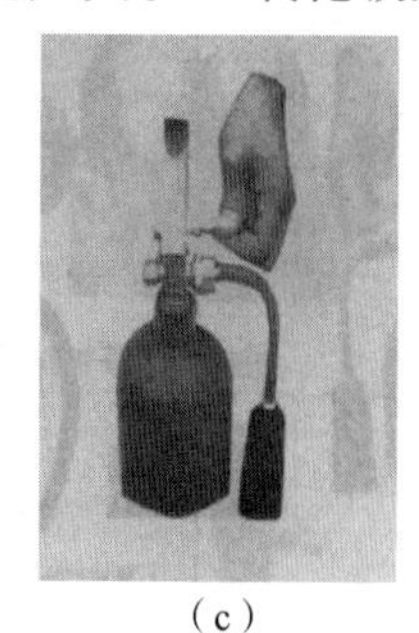
(c)

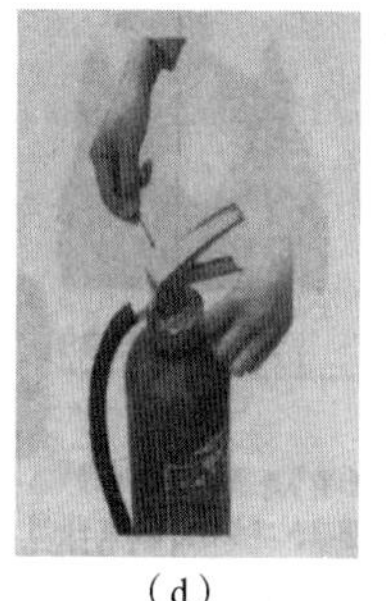
(d)

(e)
(f)

图 3－11 二氧化碳灭火器的使用方法

灭火步骤：

(1)用右手握住灭火器的压把。

(2)用手提着灭火器跑向火灾现场。

(3)拆掉铅封。

(4)取出灭火器的保险栓。

(5)距离火源 2 m 处，左手抓住灭火器的喇叭筒，右手用力压下压把，喷射时不能直接用手抓住喇叭筒的外壁和金属连接管，以防手被冻伤。

(6)对着火焰的根部喷射，并不断推向火源，直到将火焰扑灭。

3. 干粉(碳酸氢钠)灭火器

适用范围：主要适用于扑救各种易燃、可燃液体，易燃、可燃气体火灾，以及电器设备火灾。

干粉(碳酸氢钠)灭火器的使用方法如图 3－12 所示。

(a)

(b)

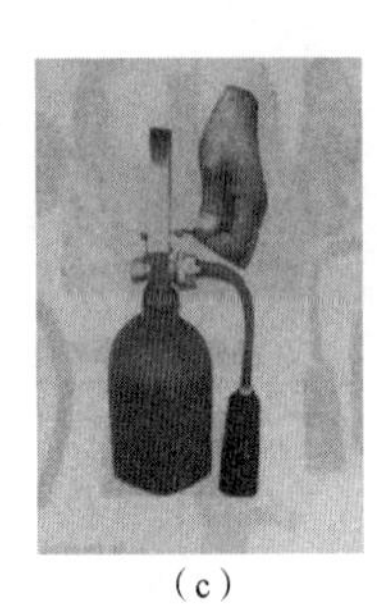
(c)

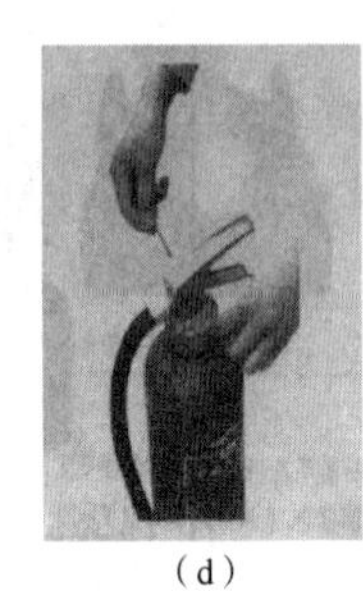
(d)

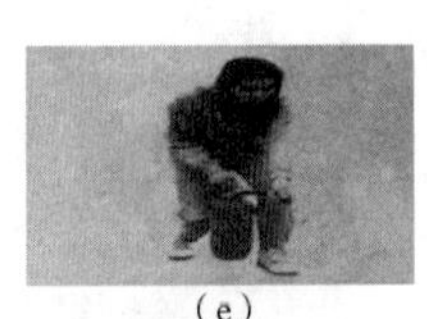
(e)

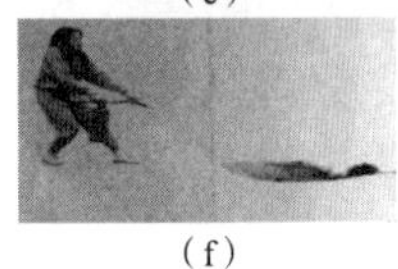
(f)

图 3－12 干粉(碳酸氢钠)灭火器的使用方法

灭火步骤：

(1)右手握着灭火器压把手，左手托住灭火器的底部，将存放的灭火器取下。

(2)用手提着灭火器跑向火灾现场。

(3)拆掉铅封。

(4)取出灭火器的保险栓。

(5)左手握住喷管，右手按着压把。

(6)距离火源 5 m 处，右手用力压下压把，左手握住喷管对准火焰根部喷射并左右摆动，喷射干粉覆盖整个火灾燃烧区，直到将火扑灭。

4. 推车式干粉灭火器

适用范围：主要适用于扑救易燃液体、可燃气体和电器设备的初起火灾。该灭火器移动方便，操作简单，灭火效果好。

推车式干粉灭火器的使用方法如图 3－13 所示。

(a)

(b)

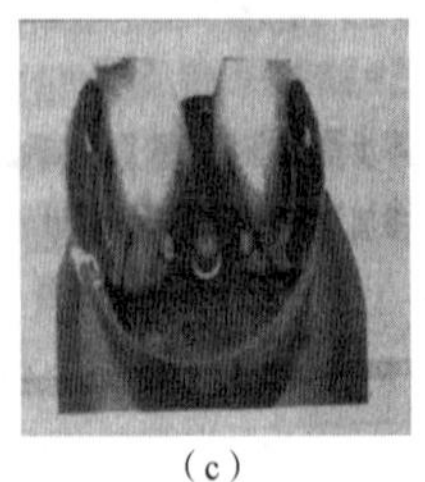
(c)

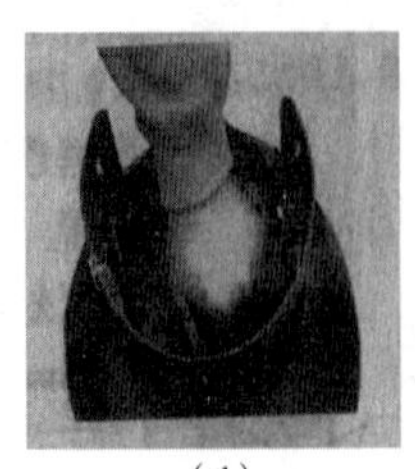
(d)

(e)

图 3－13 推车式干粉灭火器的使用方法

灭火步骤:

(1)把干粉车拉(推)到火灾现场。

(2)右手握着喷粉抢,左手顺势展开喷粉胶管,直至平直,不能弯折或绕圈。

(3)拆掉铅封,取出灭火器的保险栓。

(4)用手掌按下气阀门。

(5)左手握持喷粉枪管托,右手把持着枪把,用手指扳动喷粉开关,在距离火源5 m左右对准火焰喷射,不断向前左右摆动喷粉枪,用干粉笼罩住燃烧区,直到将火扑灭为止。

5. 气体灭火器

适用范围:主要适用于特殊地方的火灾如贵重品、仪表等火灾,应该摆放在方便易取的地方,也便于常规的检查和维修。

气体灭火器的使用方法同前面二氧化碳灭火器的使用方法。

灭火步骤:

(1)确定火势在小范围内(如废物篮)而没有蔓延到附近地方。

(2)确定身后是安全的,而且有清楚的出口,或不会蔓延封锁退路。

(3)确定运用了合适类型及型号的灭火器。

(4)灭火器的使用准备(包括拉开弦轴,不要闩上或者挤压底部和杠杆)。

(5)将灭火器和喷嘴对准火焰根部。

(6)紧握手柄,释放灭火物质。

(7)用灭火器对准火焰根部由近及远并左右晃动扫射,向前快速推进,直到火焰全部熄灭。

(8)注意观察火势是否复燃,如果复燃就重复上述步骤。

在了解各种类型的灭火器在使用方法上的差异后。应积极参加消防训练,在接受正规消防队员的技术指导下进一步深入实践学习使用灭火器。

第五节　了解事故报告程序和填写事故调查报告

下面介绍的事故调查程序适用于职业内部范围内的事故(事件)报告、调查和处理。由于工作场地可能发生许多事故,因此,所有的工厂里都要求填写事故报告。

事故报告内容如下:

(1)事故发生的时间。

(2)发生了什么及怎样发生。

(3)事故发生的位置。

(4)工作中个人行为的细节。

(5)事故详情。

一、填写事故报告的原因

(1)事故报告是职场健康安全管理体系程序文件中的一个合法要求。应上报的事故包括:死亡,住院申请,手术申请,严重的眼部、头部的受伤,搅发使头皮损伤或者电击。

(2)事故报告能够避免类似事故的再次发生。例如,小事故的报告调查能阻止同样或类似环境中大事故的发生。

(3)事故报告能够确认平时没有注意到的不安全的趋势或形式。例如,一个人遭受眼部受伤的一系列事故,暗示了健康安全指南应该建立减少眼部伤害事故的发生地方。

二、填写事故报告的目的

事故报告是确认和控制潜在安全危险的重要工具。事故报告的目的不是找问题来推责任,而是确认事故的发生原因,以此来控制和避免这方面事故的再次发生。

三、对事故的立即回应

当当事人亲临事故发生或者在事故发生后迅速到达现场时,首先应评估自己和其他人的危险情况。即使有人已经受伤,也要先保证其他人及自己不受伤。若自身受伤时,应尽力采取措施(如熄灭发动机、切断电源)使这个地方安全。

其次,若当事人受过急救训练,则应运用自己有限的训练经验实行急救,并确定该地方的安全或使其安全。如果当事人没有受过急救训练,则应立即联系其他人或者拨打“120”急救电话,联系救护车。

下一步就是向管理者报告事故。事故报告的程序如下:

(1)事故报告内容包括事故发生的时间、地点、单位、简要经过、伤亡人数和采取的应急措施等。

(2)发生事故后,当事人或发现人应当立即报告企业负责人。

①发生轻伤事故,应立即报告班组长或安全员。

②发生重伤事故除报告单位领导外,应立即报告生产处、安全处和工会,并在24 h内报告上级主管部门。

③发生死亡事故除按上级要求进行报告外,安全处应在2 h内向当地劳动部门、监察部门和工会组织报告。

(3)重、特大事故发生后,在报告的同时,应按《应急准备和响应程序》要求开展救援工作,防止事故扩大。

(4)当单位员工确认患有职业病后,保健站负责填写职业病报告,安全处备案,并按有关规定上报当地行政主管部门。

四、事故报告与调查

按照GB/T 45001—2020《职业健康安全管理体系——要求及使用指南》标准要求的事故报告形式来报告日常事故,其事故报告形式所包含的因素如下:

(1)伤者的名字及联系资料。

(2)事故的日期和时间。

(3)事故发生的位置。

(4)事故是否有目击者。

(5)伤者的受伤部位。

(6)接受过什么样的急救。

(7)事故发生时,伤者在做什么。

(8)事故是怎样发生的。

(9)是否有危险条件导致事故了。

(10)是否做过确保事故不再发生的行动,并且行动者是谁。

在这些要素报告完后,让伤者或者负责人签名,这份报告根据事故的性质被送到各级相应的安全组织机构。具体办事程序如下:

(1)轻伤事故及一般事故由所在单位主管领导负责组织有关人员进行调查,并于3日内将调查报告报安全处或公司其他职能部门。

(2)重伤事故由管理者代表或其指定人员组织生产、技术及安全等有关人员以及工会成员参加的事故调查组进行调查。

(3)死亡事故由单位主管、单位主管部门会同上级劳动部门、公安部门监察部门及工会组成的事故调查组进行调查。重大死亡事故,应按《企业职工伤亡事故报告和处理规定》进行调查。

(4)非伤亡的重大、特大事故由管理者代表组织有关安全、生产、设备技术、工会和保卫等部门组成事故调查组进行调查,并在10日内写出《事故调查报告》(见表3-2),受伤职工填写《工伤职工事故伤害报告表》(见表3-3)。

表3-2 事故调查报告

事故发生时间		地　点	
人员伤亡及经济损失:			
事故发生经过:			
事故原因及性质:			
处理意见和建议:			
防范措施:			
调查组成员签名: 年　月　日			

填报人:　　　　　　　　　　填报日期:

表 3 – 3　工伤职工事故伤害报告表

<table>
<tr><td>单位名称</td><td></td><td>法定代表或主要
负责人姓名</td><td></td></tr>
<tr><td>单位性质</td><td></td><td>是否参加工伤保险</td><td></td></tr>
<tr><td>单位地址</td><td></td><td>邮政编码</td><td></td></tr>
<tr><td>损伤害职工姓名</td><td></td><td>性　　别</td><td></td></tr>
<tr><td>身份证号码</td><td></td><td>参加工作时间</td><td></td></tr>
<tr><td>工　种</td><td></td><td>用工形式</td><td></td></tr>
<tr><td>事故发生时间</td><td></td><td>事故发生地点</td><td></td></tr>
<tr><td>伤害部位</td><td></td><td>伤害程度</td><td></td></tr>
<tr><td>事故发生
经过及结果</td><td colspan="3">负责人签名
年　月　日</td></tr>
<tr><td>就诊医疗机构
名称及初步
诊断意见</td><td colspan="3">负责人签名
年　月　日</td></tr>
<tr><td>单位处理意见</td><td colspan="3">单位(签章)
年　月　日</td></tr>
<tr><td>备注</td><td colspan="3"></td></tr>
</table>

(5)安全处负责组织职业病原因的调查工作,必要时成立调查组。对职业病的发病原因、病情、防范或应急措施等提出书面报告,报告应在30日内作出,报管理者代表、最高管理者或上级主管部门。

五、事故处理

在事故调查以后,如果一个或一系列的危险已被确认,只指示怎样处理这些危险是不够的,下一步应该处理这些危险;将处理危险的责任分配给特定的人,设定处理危险的最后期限,定期检查处理危险的程序也是必需的。其具体做法如下:

(1)事故调查组提出的事故处理意见和防范措施建议,先由事故单位负责处理,并把处理意见上报安全处或其他主管部门。

(2)对于重伤、死亡或非死亡的重、特大事故,管理者代表应组织、主持召开事故现场会,与会人员应包括事故单位相关人及生产、技术、安全、设备和工会等有关负责人。

(3)安全处在处理事故时,应按照“三不放过”(找不出事故原因不放过、事故责任人和广大职工受不到教育不放过、没有制订出防范措施不放过)的原则进行,防止类似事故再次发生。制订的纠正与预防措施要通过风险评估,需经过审查后实施。

第六节　生产企业相关制度

一、安全生产检查制度

单位开展安全生产检查可以及时了解和掌握各时期安全生产情况,及时消除安全隐患,从而安全工作做到防患于未然。为使安全生产检查工作经常化、制度化,特制订安全生产检查制度,具体可包含以下方面内容:

(1)每月进行一次全面的安全生产大检查,对检查的结果进行汇总分析,制定整改措施,并由主管安全的部门写成书面材料存档待查。

(2)车间班组进行经常性的安全检查,发现问题及时报告领导和专业部门,迅速组织处理,决不允许带“病”作业。

(3)安全管理部门和安全管理人员进行经常性的安全检查,对查出的重大安全隐患和问题应立即通知有关单位和部门采取措施,同时汇报主管领导。

(4)对于电气装置、起重机械、运输工具、防护用品等特殊装置、用品和重要场所每年要请安全管理部门和专业技术人员进行专项检查。在检查中发现的问题要写成书面材料,建档备查,并限期解决,保证安全生产。

(5)对防雨、防雷电、防中暑、防冻、防滑等工作进行季节性的检查,及时采取相应的防护措施。

(6)节假日期间必须安排专业安全管理人员值班进行安全检查,同时配备一定数量的安全保卫人员,搞好安全保卫工作。

(7)要害部门重点检查制度。包括:变电站、配电室、钢丝绳、连接装置及提升装置、火药库、消防设施和器材等。

二、安全教育培训考核制度

安全教育是企业贯彻“安全第一、预防为主”的安全生产方针和实现安全生产管理工作规范化、程序化、科学化最重要的基础工作。为增强员工的安全意识，提高安全素质，杜绝或减少事故的发生，特制定相关安全教育培训考核制度，具体可包括以下方面内容：

(1)负责人培训制度。包括厂长、副厂长、主管副职都必须接受安全生产监督管理部门举办的安全培训班培训学习，经考核获得厂长安全资格证。

(2)安全生产管理人员培训制度。安全管理人员要摆正安全与生产经营等各项活动的关系，学习和掌握安全管理知识，取得安全资格证书，并保证每年至少进行1～2次培训。

(3)各种作业人员培训制度。特种作业人员除进行一般安全教育外，还必须由有关专业部门对其进行专门技术培训，取得特种作业操作资格证书，方可上岗作业。已经取得证书的特种作业人员，需按要求参加专业部门组织的培训、考试和考核对操作证进行复审签认。

(4)新工人的安全培训制度。新进企业的工人接受安全教育、培训的时间不少于40 h，考试合格后，在有安全工作经验的职工带领下工作满4个月，然后再次考试合格，方可独立工作。

(5)全体职工安全教育制度。所有生产作业人员，每年接受在职安全教育培训时间不少于20 h。

(6)复工工人安全教育制度。凡休假7天以上返岗须经过班组进行复工安全教育。工伤休假1个月，其他休假3个月以上者，必须经二级生产单位、班组两级复工安全教育，经考试合格后方可上岗作业。

(7)换岗工人安全教育制度。调换工种的工人必须经过安全教育，包括本岗位操作规程、危险因素等。

(8)“四新”安全教育制度。采用新技术、新工艺、新设备、新材料进行生产需对从业人员进行必要的安全教育。

(9)安全知识考核制度。实行上级对下级的层层考核制度，每半年进行一次，考试成绩存入个人档案，作为评比升级的条件之一。

三、职业卫生管理制度

为了预防、控制和消除职业病危害，防治职业病，保护职工健康及相关权益，进一步促进职业卫生工作，根据《中华人民共和国职业病防治法》及《使用有害物品作业场所劳动保护条例》，特制定本制度，具体可包括以下方面内容：

(1)设置职业卫生管理组织，配备专职职业卫生人员，负责本单位的职业病防治工作。

(2)将预防职业病方面所需的安全投入纳入年度生产和资金计划，提留专项资金用于预防和治理职业病危害、工作场所卫生检测、健康监护和职业卫生培训等费用，按照国家有关规定，在生产成本中据实列支，要给予资金保证。

(3)加强防尘措施。采取密闭、通风、防尘的办法减少和杜绝作业工人接触粉尘的机会，加强对司机室的防护，做好运输过程中的防尘。

(4)为工人配备符合标准的防护用具，为从事有职业危害作业的职工提供个人使用的职业病防护用品和劳保用品，并建立健全劳动保护用品的购买、验收、发放使用、更换和报废等制度,并严格执行。

(5)职工每两年进行一次健康检查,要制订本公司的防治计划、实施方案,并建立职业卫生档案、劳动者健康监护档案,并做好完善、保管工作。

(6)对从事接触职业病危害的职工,给予适当的岗位津贴。

(7)对不适宜继续从事原工作的职业病员工,应当调离岗位并妥善安置。

(8)在与职工订立劳动合同时,应将其所从事的工作过程中产生的职业病危害如实告知对方,并在劳动合同中注明。

(9)公司在录用有职业危害岗位工作的职工之前,需对方提供指定的卫生部门出具的体检证明,并要录用者做专项职业健康检查,即岗前检查。

(10)不得安排未经岗前职业健康体检的职工从事接触职业病危害的作业,不得安排有职业禁忌的职工从事其所禁忌的作业。

(11)对终止或解除劳动合同的有害岗位职工和从有害岗位调到一般岗位的职工,在终止合同或调离前要进行有害岗位离岗前健康检查。

(12)职业健康检查必须到经省级以上卫生行政部门批准的医疗机构进行体检。体检结果和相关资料由各公司建档保管,并将检查结果告知被检职工。

(13)在设备大、中修时,要同时将改进和检修劳动防护及职业病防护装置列入各项设备检修之中。

(14)公司要定期对有职业危害的作业场所进行监测并记录结果在案,并要在做好职业卫生监测的同时建立职业危害作业场所管理制度和检查记录。

(15)公司职业病防治专职或兼职人员应根据《职业病防治法》有关规定定期与认证的职业卫生部门取得联系,组织人员进行体检和职业危害因素监测。

(16)对从事有职业危害岗位的职工建立健全有关个人的健康监护档案,主要包括职业危害接触史、职业健康检查结果和职业病诊疗等,对于离退休或调离职业危害岗位职工的健康监护档案要封存保管,保存期限一年。

(17)职工在离岗或退职后,有权索取个人的健康监护档案复印件,管理人要如实提供。

四、重大危险源监控和重大隐患整改制度

为规范重大危险源的监控和重大隐患整改的管理,预防重大事故的发生,特制定本制度,具体包括以下方面内容:

(1)对每个重大危险源制定一套严格的安全管理制度,通过技术措施和组织措施对重大危险源进行严格监控和管理。

(2)在重大危险源设置明显的安全警示标志。

(3)对重大危险源每月至少检查一次,并做好检查记录。

(4)对检查中发现的重大安全隐患,及时进行整改、复查和验收,由厂长指定副厂长负责,会同有关部门制定整改方案,限期整改并组织整改验收。

(5)制定事故应急救援预案,定期检验和评估事故应急救援预案和程序的有效程度,进行演练,必要时加以修订。

(6)成立事故应急救援领导小组和机构,由厂长任组长。

五、安全设施、设备管理和检修、维修制度

为加强安全设施、设备的维护、维修和管理，确保生产安全，特制定本制度，具体包括以下方面内容：

(1)建立健全以岗位负责制为基础的设备管理规章制度，实施设备管理负责制，主要设备实行三定：定人、定机、定责。

(2)加强对设备操作、维修人员的技术培训，制定岗位技术操作规程。

(3)对大型、特殊、专用设备用油要坚持定期分析化验制度。

(4)设备发生缺陷，岗位操作和维护人员能排除的应立即排除，并在工作记录中详细记录。

(5)岗位操作人员无力排除的设备缺陷要详细记录并逐级上报，同时精心操作加强观察，注意缺陷发展，防止缺陷扩大。

(6)实行系统的设备巡检标准、保证体系，确保职责明确、检查有效。同时，做好信息传递与反馈，建立检查登记台账。

(7)特种设备的操作人员必须持有特种作业人员的操作资格证书。

(8)对于设备管理中由于操作者违章操作、违章指挥、玩忽职守等造成设备事故时，视情节轻重给予不同程度的处理；对于精心操作、忠于职守、设备使用维护良好者将给予奖励。

六、生产安全事故报告和调查处理制度

为了贯彻执行安全生产法，做好安全事故的调查处理工作，保障人员的安全与健康，特制定本制度，具体包括以下方面内容：

(1)发生工伤事故后，负伤者或最先发现的人员，须立即报告班组长等有关领导，有关领导必须立即转报主管厂长，并在一小时内向安全生产监督管理部门如实报告事故情况。

(2)发生伤亡事故后，要组织抢救伤员，防止事故发展和扩大，保护好现场，对事故现场的处理，必须经过当地公安、安监、工会等部门同意，方可进行。

(3)按国家规定，给予受伤或死亡的职工一定的经济补偿，抚恤职工家属。

(4)协助安监部门搞好事故调查取证工作，分析事故原因，按照“四不放过”的原则，处理好生产安全事故。

(5)由于发生生产安全事故，给国家或他人造成损失的，按规定予以赔偿。

七、安全生产奖惩和责任追究制度

安全生产奖惩和责任追究制度是企业对安全生产工作的一项激励手段，鼓励对安全生产工作做出贡献者，鞭策对安全生产工作表现消极的人员，具体包括以下方面内容：

(1)每年提取3万元作为安全生产专项奖励基金，由主管安全生产的副厂长批准后拨付使用。

(2)对有下列情形之一的个人，分别给予表彰或奖励：

①忠于职守，积极做安全工作和劳动保护工作，成绩卓著的；

②抢救事故有功，使国家财产和人民生命免遭重大损失的；

③在改善劳动条件，防止工伤事故和职业性危害方面有重大发明创造和科研成果的；

④在安全技术、尘毒治理方面提出重要建议，效果显著的。

(3)奖励分为记功、晋升、发放奖金等形式。

(4)有下列情形之一的，按照情节轻重，给予处罚：

①不遵守安全技术操作规程、不佩带劳动防护用品、不遵守劳动纪律等违章行为，未造成事故的，处以一定数额的罚款，造成事故的追究其责任；

②阻碍、干扰安全人员执行公务的，给予警告、记过、开除等行政处分或处以一定数额的罚款。

八、安全生产档案管理制度

为了规范管理安全生产档案，加强痕迹资料的管理，认真执行各项规章制度，特制定本制度。

(1)企业必须建立较完善的安全生产档案，并由专人管理安全生产档案。

(2)安全生产档案应包括以下内容：

①安全生产管理委员会或安全生产领导小组人员名单及变动记录；

②安全机构设置情况及专职、兼职安全员名单；

③特种作业人员操作资格证件及人员名单；

④特种设备清单及有关档案资料；

⑤危险源(点)资料及三级危险源(点)管理清单；

⑥作业环境监测资料(地压监测、边坡监测、岩石移动观测、涌水量观测、洪水量观测、粉尘浓度监测、风速、风量监测、噪声测定等)；

⑦职工健康档案及健康监护资料；

⑧职业病人档案及监护资料；

⑨安全生产检查记录及整改情况；

⑩安全例会及安全日、月活动记录；

⑪职工代表大会关于安全生产的提案及整改落实情况；

⑫安全生产事故记录和统计资料；

⑬职工伤亡事故登记表等有关伤亡事故管理的档案资料(见“安全生产事故管理制度”共12项)；

⑭安全生产管理制度，岗位技术操作规程及作业安全规程，并汇编成册；

⑮安全措施费用的提取和使用情况；

⑯安全教育培训记录；

⑰事故应急救援预案，事故应急救援演练及实施记录；

⑱其他有关安全生产情况记录。

(3)安全生产档案要编写详细的目录并分档存放，以便于查阅。要逐步实现安全档案的标准化、规范化、现代化管理。

(4)安全生产档案管理人员要运用科学的方法进行统计分析，按要求将统计数据上报有关部门；按要求定期向职工公布相关数据。

(5)有关领导和安全生产机构负责人要经常检查安全生产档案的建档和档案管理工作，使安全生产档案逐步完善和科学管理。

九、安全生产责任制度

安全生产责任制是根据我国的安全生产方针“安全第一，预防为主，综合治理”和安全生产法规建立的各级领导、职能部门、工程技术人员、岗位操作人员在劳动生产过程中对安全生产层层负责的制度。具体包括以下方面内容：

(1)企业必须履行安全生产制度，落实安全生产责任，并对企业预防生产安全事故、职业病危害和发生生产安全事故、职业病危害的后果承担责任。企业必须接受政府及有关部门对其落实安全生产经营责任情况实施依法监管。

(2)企业应当建立落实安全生产主体责任的奖励和责任追究制度，对落实安全生产责任制度及成绩突出的部门予以表彰，对落实不到位的负责人和部门依法实施责任追究。

十、安全生产投入保障制度

为了保证企业的安全生产，企业每年支出专项资金，配备安全设施，加强安全管理保证设备的正常运行。具体支出包括以下方面内容：

(1)每年支出部分专项资金用于安全生产改造，专款专用，不准减少或挪为他用。

(2)完善、改造安全防护设备，设施支出。

(3)配备必要的应急救援器材、设备和现场作业人员安全防护物品支出。

(4)安全生产检查与评价支出。

(5)重大危险源、重大事故隐患的评估、整改、监控支出。

(6)安全培训及进行应急救援演练支出。

(7)其他保障安全生产的费用。

十一、消防安全管理制度

为加强消防安全管理，确保人不受伤和物不受损，及时有效的维护社会稳定，保障企业的日常运作，特制定以下相关消防管理制度：

(1)要做好消防设备的定期检查工作及维修工作。任何人不得随意使用消防器材，不得擅自挪用、拆除消防设备。

(2)定期组织职工学习消防法规和各项规章制度，针对岗位特点进行消防教育培训。

(3)检查中发现火灾隐患，检查人员应认真填写检查记录，并要求有关人员在记录上签字，并及时消除隐患。

(4)企业应保持疏散通道、安全出口畅通。

(5)严禁随意拉设电线，严禁超负荷用电。

(6)制定符合本单位实际情况的灭火和应急疏散预案。

(7)组织学习和演练应急预案。

十二、劳动防护用品发放和管理制度

为了加强劳动防护用品的管理，保障职工在安全生产工作中的安全与健康，根据上级有关劳动防护用品方面的规定、标准和要求，结合企业实际情况制定本制度。具体包括以下方面内容：

(1)员工的劳动保护物品，是保护员工身体安全与健康的一种预防性辅助措施，每个职工在工作期间必须正确穿用，不准变卖、送人或挪为他用。

(2)根据国家标准要求，负责制定、修改劳动保护用品、发放标准及范围，负责劳动保护用品的计划、购置、发放和管理工作，监督检查各部门及员工对劳动保护用品发放和使用情况。

(3)各种防护用品由专人管理,建立档案,妥善保管,定期检查维护。

(4)劳动防护用品经费保证做到专款专用。

(5)教育职工正确使用劳动防护用品,并对防护用品的质量、发放、使用情况进行监督,维护员工的合法权益。

十三、安全生产逐级监察及事故隐患排查、整改制度

安全检查是保证安全生产的重要手段,其目的是加强管理,及时整改安全隐患,预防事故的发生。安全检查主要形式有:

(1)企业专职安全员要每天对企业进行安全检查,主要做好监督企业执行安全法规的情况、隐患整改的情况、及时纠正和制止现场的违规行为等工作,并做好巡检情况记录。

(2)企业必须每月进行一次由企业负责人参加的联合安全大检查,做好检查结果汇总分析,对查出的隐患下发整改通知书,将整改意见落实责任,逐一整改,归档备查。

(3)企业重点岗位人员应按照自己的职责,对设备严格按照操作规程每天安排巡查工作,确保各种设施、设备正常运行,并认真做好运行、巡查情况的记录和上报工作。

(4)开展安全检查工作应填写检查记录,检查人员和被检查负责人应当在检查记录上签名。

(5)各级生产管理人员和安全管理人员要坚持经常深入现场进行巡回检查,对设备、安全防护装置、生产及检修现场状况、员工劳动防护用品的佩戴和使用情况及各项安全规章制度的执行情况进行监督检查。

(6)各种安全检查要根据检查要求配备力量。尤其是全面性安全检查,要明确检查负责人,抽调专业人员参加,并进行分工。

(7)安全检查的主要内容包括:

①安全生产规章制度是否健全、完善;

②重要危险作业场所的安全生产状况;

③职工是否具备相应的安全知识和操作技能,特种作业人员是否持证上岗;

④职工在工作中是否严格遵守安全生产规章制度和操作规程;

⑤职工是否正确佩戴劳动防护用品;

⑥设备、设施是否处于正常的安全运行状态;

⑦现场生产管理、指挥人员有无违章指挥、强令职工冒险作业的行为。

十四、安全生产会议管理制度

为加强企业安全生产工作,及时有效协调和处理企业生产组织过程中存在的问题,确保公司实现安全生产,特制定本安全生产会议制度。具体包括以下方面内容:

(1)企业的安全会议由安全负责人负责召开,主要内容为总结本月工作,布置下月安全工作,遇有特殊情况应及时开会研究处理。

(2)会议要有详细记录,对检查出的安全工作隐患问题应研究制定解决措施。

(3)根据上级要求及时召开专题安全会议,会议由分管安全工作的责任人参加,主要内容包括传达贯彻上级安全运营要求,研究安全运营措施、计划,各成员部门汇报分管业务范围内的安全运营工作,提出存在的安全隐患和处理解决的办法,并进行讨论。

(4)安全例会必须专备会议记录册,认真记录会议时间,参加人员及会议内容。

(5)安全生产会议必须及时、定期召开且形成会议记录,同时将会议信息及时向有关部门、单位和企业领导进行传递,并对存在问题及时协调处理。

(6)安全生产会议参加人员应是本部门主要负责人或主管生产的领导,且必须熟悉本部门的生产情况,不得随意安排其他人员参加会议。

(7)参加企业级安全生产会议的人员有:企业领导、安全部门负责人、相关职能部门负责人、生产部门负责人以及各专(兼)职安全管理人员。会议召开时间地点由企业通知。

(8)企业安全生产会议采用到会人员签名制,对迟到、早退、不请假或无故不请假也不参加会议者,按企业有关规定进行通报同时处以100元罚款并列入绩效考核。对企业级重大安全会议,各部室必须派人参加,做好记录存档。

(9)在每周的生产调度会上,在总结和布置生产工作时,应同时总结和布置安全工作。

(10)在年度内召开各种生产经营工作会议以及召开企业级年度总结会议时,都应将安全生产工作列为重要内容,同时进行总结和布置。

十五、特种作业人员管理制度

为规范企业特种作业人员的安全管理,预防和减少人身伤害事故的发生,根据国家有关规定,制定企业特种作业安全管理制度。具体包括以下方面内容:

(1)特种作业是指在劳动过程中对安全有特殊要求并容易发生伤亡事故,对操作者本人以及对他人和周围设施的安全有重大危险的作业,特种作业范围包括:

①电工作业:含送电、变电、配电工,电气设备的安装、运行、检修(维修)试验工;

②金属焊接、切割作业:含焊接工,切割工;

③起重机械作业:含起重机械司机,司索工,信号指挥工;

④企业内机动车辆驾驶:含在企业内生产作业区域和施工现场行驶的各类机动车辆的驾驶人员;

⑤登高架设作业:含2米以上登高架设、拆除、维修工;

⑥锅炉作业(含水质化验):含承压锅炉的操作工,锅炉水质化验工;

⑦压力容器作业:含大型空气压缩机操作工;

⑧危险物品作业的操作工、储存保管员;

⑨经国家安全生产监督管理局批准的其他作业。

(2)特种作业人员必须具备以下基本条件:

①年龄满18周岁;

②身体健康,无妨碍从事相应工种作业的疾病和生理缺陷;

③初中(含初中)以上文化程度,具备相应工种的安全技术知识,参加国家规定的安全技术理论和实际操作考核并成绩合格;

④符合相应工种作业特点需要的其他条件。

(3)特种作业人员必须接受与本工种相适应的、专门的安全技术培训,经安全技术理论考核和实际操作技能考核合格,取得特种作业操作证后,方可上岗作业。未经培训或培训考核不合格者,不得上岗作业。

(4)综合办公室负责组织特种作业人员到具备相应培训资质条件的单位进行取证和

复审。

(5)特种作业操作证在全国通用。特种作业操作证不得伪造、涂改或转借。

(6)特种作业操作证按规定日期复审。

(7)各单位要加强对特种作业人员的管理和日常检查工作。

(8)经公司批准需办理新证人员须提交个人申请,申请流程为先经部室负责人、生产主管领导及总经理签字后转综合办予以组织办理,个人先行垫付考试相关费用,通过培训学校组织考试成绩合格后持正式发票个人报销,未通过相应考试人员不予报销。

(9)年审证件人员需自行到培训机构办理,办理时也需提供个人申请且经部门负责人、生产主管领导、总经理签字后个人先行垫付考试相关费用,通过培训学校组织考试成绩合格后持正式发票个人报销,未通过相应考试人员不予报销。

(10)公司出资办理证件的人员离开公司(不含去集团公司、其他子公司)时,需扣还公司出资部分报销款项。

十六、具有较大危险、危害因素的生产经营场所安全管理制度

为了施工现场的风险控制,环境保护,保障人民生命、财产安全,确保安全生产,特制定本制度。具体包括以下方面内容。

(1)对有较大危险、危害因素的生产经营场所要专人负责,集中管理。

(2)做好安全防范工作,确保无隐患事故。

(3)对有较大危险、危害因素的生产经营场所要有明显的安全警示标志。

(4)对有较大危险、危害因素的生产经营场所要经常进行安全检查,发现隐患立即整改。

(5)凡从事高空作业(2 m以上)和多层作业必须采取有效的安全防护措施。作业人员必须系好安全带、安全绳,必要时放设隔层防护板。所有高空作业,在手板下面和侧面均要架设安全网,以防坠落伤人。

十七、建设项目安全管理制度

为确保建设项目实施后符合国家有关安全生产的法律法规要求,保证职工在作业过程中的健康与安全,特制定本制度。具体包括以下方面内容:

(1)认真贯彻国家有关安全生产的法律法规、方针、政策,认真贯彻有关建筑施工的各项规章制度。坚持“管工程必须管安全”的原则,在工程建设工作的计划布置、检查、总结、评比的同时,计划、布置、检查、总结、评比安全工作。

(2)各单位要根据施工安全的需要,建立、健全项目的安全生产管理制度。

(3)各单位要根据有关规定,制订工程建设期和年度安全目标、安全工作计划和安全技术措施计划,经项目安全生产委员会审议后,组织落实,并报企业主管部门备案。

(4)企业必须设立独立的安全生产监督机构,配备必要的工作人员。

(5)项目安全生产委员会每季度应召开一次全体会议,研究解决项目安全工作方面的重大问题。每月召开一次安全生产例会,传达上级安全文件、会议精神,通报安全生产情况,检查和布置安全生产工作。

(6)企业和各单位在签订工程管理合同时,要将安全生产要求列入技术和商务条款中,要根据有关法规的要求,在合同中明确双方应承担的安全责任。

十八、岗位标准化操作制度

各岗位操作人员应严格按照各自岗位的标准和操作规程进行工作。

(1)在岗职工如有违章操作,一经发现必须追究其责任,情节严重者给予开除处理。

(2)职工可总结经验,改进生产工艺提高安全系数,对生产安全有贡献的职工必须给予奖励。

十九、安全生产责任保障金制度

为进一步完善安全生产工作措施,落实安全生产责任制,减少安全生产责任事故的发生,特制定本制度。具体包括以下方面内容:

(1)安全生产管理部门负责安全生产保障金的收缴,每年收缴一次。

(2)安全生产保障金主要用于安全生产责任目标考核。对于完成生产责任目标的所交纳的安全生产保障金等额返还。安全生产责任目标完成不好的,通过文件决定的方式给予收缴。

(3)安全生产管理部门存在专户上的安全生产保障金必须接受同级部门的监督,安全生产管理部门每年向各部门报告一次安全生产保障金的存储和使用情况。

(4)对重大专项安全技术措施资金的制定,应进行可行性评价、论证、会审,确保资金的有效使用,充分发挥其科学、合理、有效的原则。

(5)为杜绝事故的发生,遇到特殊情况,可以提出追加安全设施投入,资金计划需报公司主管领导批准执行。

二十、安全生产主管副职持证上岗制度

(1)凡担任安全生产主管副职职务的,必须参加岗位培训,并获得“岗位培训合格证书”。

(2)对已获得岗位培训合格证书的安全生产主管副职人员,各单位应采取有效措施,保持相对稳定,更换其工作职务的,其“岗位培训合格证书”继续有效。

(3)弄虚作假或以其他不正当手段获得培训合格证的,本单位安全管理部门有权取消安全生产主管副职人员的任职资格。

二十一、安全技术措施管理制度

为了不断提高公司的安全技术管理水平,改善劳动条件,防止工伤事故,消除职业病和职业中毒等危害,保护职工在生产过程中的安全与健康,特制定本制度。具体包括以下方面内容:

(1)安全技术措施的内容要全面、有针对性,根据工程特点、施工方法、劳动组织和作业环境等具体情况提出具体内容要求。

(2)对于结构复杂、作业危险大、特性较强的工程,应编制专项安全施工方案。

(3)施工方案审批后,必须遵照执行,不得随意变更。

(4)施工现场架体、设备安装完毕后,必须由项目经理、技术负责人组织工长、项目安全员、施工安全负责人共同验收,确实符合标准、规范等要求后,方可使用。经营单位要填写如表3-4生产经营单位基本信息登记表和表3-5安全隐患排查记录表。

表 3-4 生产经营单位基本信息登记表

单位照片			
场所名称 *			
场所地址 *			
场所面积 *	□100 m^2 以下 □100 ~ 200 m^2 □200 m^2 以上		
业主姓名 *		联系电话 *	
相关预案备案	□场所信息变更情况 □安全生产责任制健全		
场所信息变更情况			
场所名称 *			
营业执照注册号 *		注册登记日期	
实际经营项目 *		场所类型 *	
经营者姓名 *		联系电话 *	
员工人数		场地属性 *	□自有 □租赁
场所信息再次变更情况			
场所名称 *			
营业执照注册号 *		注册登记日期	
实际经营项目 *		场所类型 *	
经营者姓名 *		联系电话 *	
员工人数		场地属性 *	□自有 □租赁
填表说明:单位门面照片应为彩色照片,带 * 号的项目为必填项目,“□”为选中项打“√”			

表 3－5 安全隐患排查记录表

年　　月　　日

主任部门		检查时间	
检查人员		检查部位	
隐患基本情　　况			
整改意见			
整改时限		整改负责人(签字)	
隐患整改验收情况			
佐证材料			
验收时间		验收人员(签字)	

第七节　实训实习安全操作规程

一、实训实习安全操作规程

安全与人的生命紧密相连,安全规则是前人用鲜血和生命所换得最宝贵的经验总结,我们在实训实习和生产的过程中应当严格贯彻执行安全规则。

实训实习是职业教育教学中的一个重要环节,是提高学生综合素质和培养创造性能力的重要途径。现代职业教育的实训实习场所基本接近实际生产环境,有很多设施、设备、材料,由于工作环境和人的行为等方面的因素会产生安全隐患,因此,在实训实习之前有必要了解一些基本的安全规则。

(一)养成良好的安全意识

(1)未获得指导教师(车间管理人员)的批准和指导,不可擅自进入实训实习车间。

(2)每日工作时间不应超过 8 h,确保每周休息两天。

(3)进入实训实习工厂前要检查设备的安全情况和安全防护用品佩戴情况,确认符合要求后方可准入实训实习场所。

(4)严格遵守各种设备和专用工具的安全操作规程。

(5)严格遵守易燃、易爆、有害、有毒、易腐蚀等危险物品的管理规定。

(6)注意观察指导教师的示范操作,严格按指导方法进行操作。

(二)实训实习的注意事项

(1)严禁湿手操作电器开关或电器设备。

(2)须用电的实训项目或使用电器设备必须按照指导教师(工厂师傅)的要求进行。

(3)在工厂车间内不得擅自串岗、打斗、嬉闹。

(4)进入岗位前,要做好相关劳动安全保护事项,如扎紧袖口、裤脚和衣角等。进入作业现场,不准穿裙子、高跟鞋、拖鞋、凉鞋,不准戴头巾、围巾,不准赤脚、赤膊和宽衣作业。

(5)对可能会产生火花或者进行对眼、脸、头部等部位可能产生伤害的相关操作时,必须戴安全帽、安全镜、护眼罩或面罩等个人防护用品。接触高温物体或对皮肤产生腐蚀作用的酸液等危险物时,应戴上防护手套。

二、实训实习场所清洁卫生规定

(1)保持实训实习室内的工作台、地面、门窗、墙壁的清洁。

(2)讲卫生,不随地吐痰,不乱写乱画,确保室内整洁。

(3)每天实训结束离岗前必须收拾整理好工器具、仪表、工件、材料等实训设备,清洁工作台和周边环境卫生,管理好易燃易爆物品。

(4)当天的值日生应对室内外的清洁卫生彻底清理,并且要断开电源,关好门窗,做好防火防盗措施,确保实习场所的安全。

三、汽车维修实训中的规范操作与安全意识

校园安全工作是家长、学校和社会共同关注的焦点问题之一。实习和实训工作的安全性正考量着广大职业类院校。随着汽车保有量的快速增长，汽车后市场需要大量高素质、高技能型服务人才，职业院校在汽车维修专门人才培养过程中应加强规范操作与安全意识。

（一）职业需求

职业教育是经济发展与社会进步的必然产物，经济的迅猛发展需要一大批能在"生产一线从事管理和运作的高技能实用型专门人才"。如何才能真正培养出"企业需要、社会认可的高技能实用型专门人才是广大职业教育工作者一直在探索的课题。

汽车工业作为我国的支柱产业之一得到了高速发展，在汽车保有量迅速增加的同时，特别是私人轿车拥有量的飞速增长，其维护作业与售后服务，主要依靠专业汽车维修企业。因此在汽车工业飞速发展的同时也为汽车维修服务企业提供了一个发展的新机遇。机动车检测维修从业人员的职业操守、技术水平和专业技能的高低，直接关系到机动车维修行业自身的健康发展，关系到行车安全和人民生命财产安全。

（二）实训条件

职业教育是人们职业生涯的启蒙教育。近年来，随着国家对职业教育重视程度的提高和政府投入力度的不断加大，职业教育迎来了又一个春天，各级各类职业院校中的技能实训条件大多数得到了很大的改善。教学工厂、校中厂、厂中校等各种模式的实训中心、实训基地迅速建成并投入使用，极大地改变了"围着黑板搞拆装，围着书本修机器"的状况，从"运用一块黑板、一支粉笔"搞职教的传统职业教育模式中走了出来，一改以往实习实训设备"老、陈、残、旧"的条件，大量新设备、新仪器成为实习实训的主力军，以汽车专业为例，传统中的解放东风和北京吉普等车型的整车总成被丰田卡罗拉，威驰现代、帕萨特等车型所替代。现在走进学校的汽车实训车间就能看到成排的举升机，整齐划一的全新整车，俨然是一个高等级的汽车专业维修企业。

实习实训条件的改善，也突现出一个新问题，如何规范和安全地使用这些全新的实习实训设备，让同学们真正做到正确执行汽车维修操作规程，已成为职业教育实训教学过程中容易被忽视的环节。强化实训安全和规范操作，这个问题说来容易而落实到具体教学过程中却很难，实习实训教学过程是一个动态的过程，在实训教学过程中一旦发生事故，不仅给学生和家长带来痛苦，更给学校造成不良的社会影响。因此，有些学校和教师为了尽量避免事故的发生，在操作技能实习实训课中采取一些消极预防的办法，如减少实操时间和训练科目，增加传统项目降低实训操作的难度、减负减量。更有甚者采取敷衍了事的态度，使得相关课程难以全面达到课程标准的要求，这样不但影响了课程标准的执行，而且影响了人才培养方案的贯彻，使之与企业实现"无缝接轨"成了一句空话。

（三）容易被忽视的环节

在进行汽车维修操作实习实训课的教学过程中，必须牢固树立"安全第一，规范操作"的思想，而汽车维修作业的安全工作包含了两方面内容，首先是实习安全，即确保本次操作实习的安全；其次还有一个更重要的安全是质量安全。具体表现为以下三个方面：

1. 容易被忽视的环节之一

对操作规程的认识不足,带有一定的随意性,不能严格按照操作规程操作。实质上大部分的汽车维修作业项目是非常“教条”的,必须按照操作规程一步步的操作,才能保证维修质量不受影响。如果随意变更操作步骤,轻则会引起返工而影响维修速度,重则会损坏零件或埋下事故隐患。比如在起顶车辆时只注意介绍千斤顶的使用方法而忽视了使用三角垫块,车辆在不拉手制动器又不挂挡的情况下起顶,往往会导致车辆起顶后发生滑溜。又比如在使用举升器将车辆举升到一定高度后在车辆下面进行维修作业,经常会发生举升器没有进入安全锁止状态,就进入车辆下面进行维修作业,而需要将车辆下降时又不能正确解锁而导致车辆发生倾斜,其后果不堪设想,以上所述都是由于没有按照相关操作规程进行操作所致。

2. 容易被忽视的环节之二

不能正确使用工具,指导教师又不能及时纠正,形成了顺手使用和随便摆放等不良习惯。有些零件需要用专用工具进行拆装,学生嫌麻烦就用通用工具进行拆装,导致零件非正常变形和损坏,甚至由于工具选用不当或使用错误而造成零件变形失效。比如汽车上采用的螺栓,较多是专用螺栓,必须用内梅花扳手进行拆装,如简单地使用内六角扳手进行拆装,会导致螺栓变形失效。又比如机油滤清器的拆装,应优先选用机油格碗形扳手,学生为了省事喜欢用锯齿形机油格扳手,虽然也能用,但使用锯齿形机油格扳手会造成机油滤清器渗漏,由此引发的机械事故也不在少数。又比如同学们在拆装活塞时,手锤柄只能顶在连杆大头结合面或连杆螺栓上,如手锤柄不注意顶在轴承瓦片的轴承合金上就会造成轴承合金的变形,直接影响发动机的正常运转。

3. 容易被忽视的环节之三

不注重安全文明操作,可能有些指导教师对安全文明操作的“三不落地四清洁”要求也不了解,这样就难以从开始培养学生的安全文明操作习惯。比如同学们在进行整车维护作业时,必须先垫上“叶子板护垫”,往往有些同学会忘放“叶子板护垫”而直接进行维护作业,这样就容易在车身上造成不必要的划伤。又比如有些同学不注意拆装顺序,开始实习时一哄而上,甚至出现“拿扳手找螺栓”的违章作业现象。又比如汽车上应用的螺栓中有很大一部分都必须按照规定扭矩拧紧,有些指导教师在指导过程中以“大约多少就可以了”的态度或“只允许超过技术手册所规定的扭矩”进行拧紧,殊不知过松和过紧都是不科学的,都会影响车辆的维修质量,过松不符合技术规范,而过紧则会加速零件的疲劳失效。

(四)改进的方略

职业教育又被称为“生存”教育,只有将学生培养成具有良好职业习惯和职业素养,拥有一定的专业知识、掌握一流的操作技能的人,才能在汽车后市场中自由翱翔。应用型专业技能人才的培养,是与职业生涯的启蒙教学密切相连的,只有在接受职业教育之初,就从严培养,以职业规范为目标,让传统汽车维修技能与现代汽车维修技术相结合,才能培养出合格的适应汽车后市场需要的专门人才。

学校和教师都应以一个客观心态对待汽车维修专业的操作技能实训课,在强化操作技能训练的同时,更应注重规范操作和安全第一的指导思想,每次上课前都必须反复强调实训安全,且应结合本次所讲的内容进行安全教育。安全教育切忌流于形式,而应与课程改革相结合,紧紧地与教学模块、工作任务相结合,加强安全教学的针对性。注重同学们在校期间的职业素养的养成,杜绝不正确、不规范的操作习惯和不注意安全的不良习惯,充分发挥教育对同学们职业生涯和职业习惯的影响,使得同学们终身受益。

思 考 题

1. 事故应急预案分为哪几个级别?
2. 事故应急预案所包含的五个基本应急程序是什么?
3. 应急救援培训内容有哪些?
4. 报警程序的目的是什么?
5. 汽车修理常见的紧急事故情况包括哪些类型?
6. 画出报警通告范围的通报流程图。
7. 企业内应急报警一般有哪些步骤?
8. 实施紧急情况疏散程序的关键因素是什么?
9. 火警疏散程序的典型步骤有哪些?
10. 火灾发生的基本要素?
11. 车间防火措施有哪些?
12. 如何正确地使用灭火器?
13. 事故报告的内容包括哪些?
14. 填写事故报告目的是什么?
15. 事故报告的程序有哪些?
16. 事故报告形式所包含的因素有哪些?
17. 安全生产检查制度的内容有哪些?
18. 实训实习的基本安全规则有哪些?
19. 实训实习应注意哪些事项?
20. 实训实习场所清洁卫生有哪些规定?

第四章 维修职场的可能风险隐患

学习目标

1. 了解职业安全健康法例及雇主、雇员的一般责任。
2. 了解汽车维修工作的安全工作程序的风险。
3. 掌握一般性操作中可能存在的风险；汽车底盘的车下维修风险；发动机、传动系统、转向系统的检修风险；有害尘积与润滑油的不安全风险；部件清洗中的风险。
4. 掌握汽车散热系统与空调修理中的风险；排气系统检修中的风险；车身维修中的风险；蓄电池充电与保养中的风险。

第一节　职业安全健康的职责

一、职业安全健康法规及雇主、雇员的一般责任

（一）职业安全健康法规

目前主要的职业安全健康法例有《职业安全及健康条例》,《工厂及工业经营安全管理规例》和各附属规例，为雇员在工厂及非工厂的工作地点工作时，提供安全及健康保障。

（二）雇主、雇员的一般责任

一般责任条款规定雇主及受雇员工，须确保工作中的安全和健康。雇主必须采取相应措施，照顾所雇用员工的工作安全及健康。

（三）雇主应按以下措施促进工作安全及健康

（1）提供能够维持安全及不会危害健康的作业装置和工作环境；

（2）作出有关的安排，以确保在使用、处理、储存或运载作业装置及物质方面不存在危害

健康风险；

(3)提供所需的资料、指导、训练及监督，以确保雇员的工作安全及健康；

(4)提供并维持安全进出工作地点的途径；

(5)提供并维持安全健康的工作环境；

(6)照顾工作地点中的作业员工及其他人员的安全健康；

(7)合理使用安全设备，遵照雇主制定的安全制度或守则。

第二节 安全工作程序的风险

汽车的维修工作包括更换或修补轮胎，车身维修和喷漆，清洗及更换部件，添加润滑油，检修发动机、传动、转向及制动系统，更换蓄电池和添加散热系统（水箱）的冷却液等。若从业人员对工作场所的职业安全和健康不够重视，忽视各项安全工作程序，甚至违章操作，则可能酿成重大的意外事故甚至导致伤亡。

一、一般性的操作

(一)夹压

夹压指操作人员被转动中的机件夹压而受伤，如图4－1所示。

当发动机在运转的过程中，身体的某部位不小心误触转动中的机件或由于穿着过于宽松的衣物被机件缠绕而受伤。

(二)火警

焊接或切割后遗留下的火源以及不正确使用易燃物品都可能引致严重的火灾。

(三)灼伤

如图4－2所示，添加散热系统（水箱）的冷却液时不慎被飞溅的热水溅到，不小心触及到运转中的高温发动机或排气系统（排气歧管）都会导致灼伤。

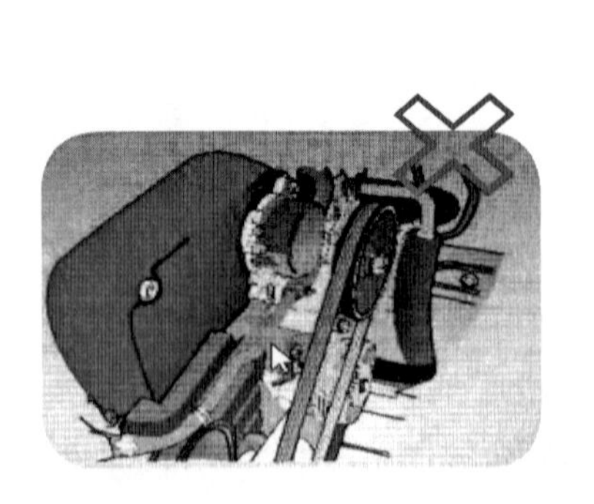

图4－1 机件的夹压

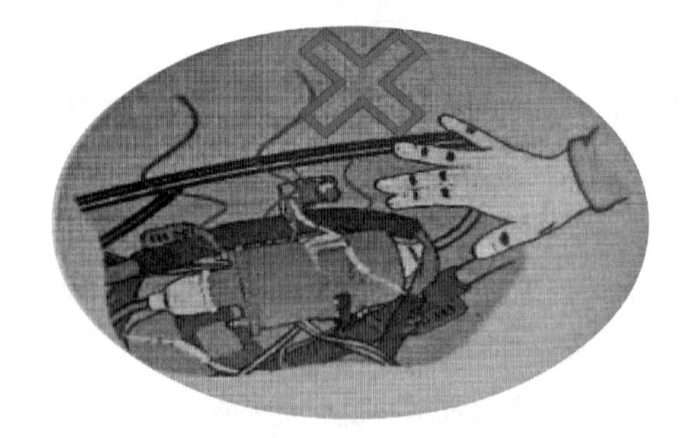

图4－2 熟水灼伤

(四)异物入眼

如图4－3所示，进行金属打磨或车身打蜡时，如防护不当，极易导致物料或碎屑飞散溅入眼睛。

(五)触电

由于职场设施不完善,导致身体误触高压电,电动汽车操作不当或电器设备损坏漏电而被电击受伤。

(六)油渍及物件摆放

更换或储存燃油时留在地面上油渍,未能及时清理,可引致滑倒摔伤。

工具、零件随地摆放如图4-4所示,即不妥善的存放或处理不当极易导致绊倒摔伤。

图4-3　异物入眼

图4-4　工具、零件随地摆放

二、更换或修补轮胎

修补有内胆或无须内胆的轮胎是汽车修理常见的一项工作,其中以修补有内胆轮胎的工序较常见。传统的施工方法是使用扳手或风动扳手将车轮拆下,放掉胎内余下的气体,然后取出内胆修补,待修补完成后,将内胆放回车胎内并重新充气。更换轮胎和补胎的程序相似。以下是在修理过程中需注意的一些要点:

(一)升起车身时

(1)如图4-5所示,使用升降设备前,应检查该设备的操作状况,包括动力传动部分,如钢丝绳、螺丝杆、齿轮组或液压系统等。

(2)汽车被升至合适的高度后,应锁止升降台,以防止升降台突然滑落。当有汽车被升高时,其他车辆严禁在其下方穿过。

(3)如图4-6所示,不应单靠使用“千斤顶”承托车身,而应运用轴承托架支承车身重量,同时要留意地面是否平坦,车辆是否拉紧手制动和是否挂入适当排挡(如手排变速箱应按入前/后挡;自动变速箱应按入P【泊车】挡),以防止车辆移动。

(4)选择合适的升降设备,不可超过其安全负载重量。

(5)升降设备必须定期检查测试和保养维修,确保操作正常。

(二)从车轴上拆卸车轮时

(1)如图4-7所示,使用风动扳手(风炮)时,应注意身体或衣物不要触及到设备的转动部分以免被缠绕,同时佩戴安全防护眼罩。

图 4－5 举升设备检查

图 4－6 千斤顶与车身不可直接接触

(2)如图 4－8 所示，气泵、储气筒等连接位置和停动系统要定期检查和保养，确保操作安全可靠。

图 4－7 使用风动扳手拆卸车轮

图 4－8 气泵、储气筒等连接位置的检查和保养

(3)压力容器(储气筒)应定期检查和检验，取得合格使用证书后方可使用。

(4)若工作过程中的噪声量超出法规标准的要求时，则需要采取适当的消噪声措施并佩戴个人防护装备。

(5)如图 4－9 所示，对于大型车辆的轮胎修补或更换应利用机械辅助器具进行搬运，以避免意外风险。

(三)拆内胎、充气压、换轮胎

(1)如图 4－10 所示，使用轮胎拆装机时，应避免身体、衣物触及到转动部件。

图 4－9 利用辅助器具搬运

图 4－10 拆装轮胎

(2)须佩戴防护眼罩,防止物件飞出而伤害眼睛。

(3)利用“撬棍”拆卸轮胎时,需注意操作安全并使用正确的操作方法。

(4)轮胎充气时,要留意气嘴连接是否稳妥,并观察压力仪表的读数,切勿将轮胎充气压力超出厂家规定的压力值而发生爆胎的危险。

(5)如图 4 - 11 所示,利用轮胎充气保护罩以保护操作人员。

(6)压缩空气能够伤害皮肤、眼睛或身体,所以不应将压缩空气直接喷向他人身体或用来吹走自己工作服上的尘埃及碎屑。

(7)使用压缩空气推动工具时,操作者须佩戴防护眼罩以防止压缩空气吹起尘埃、碎屑而进入眼睛。

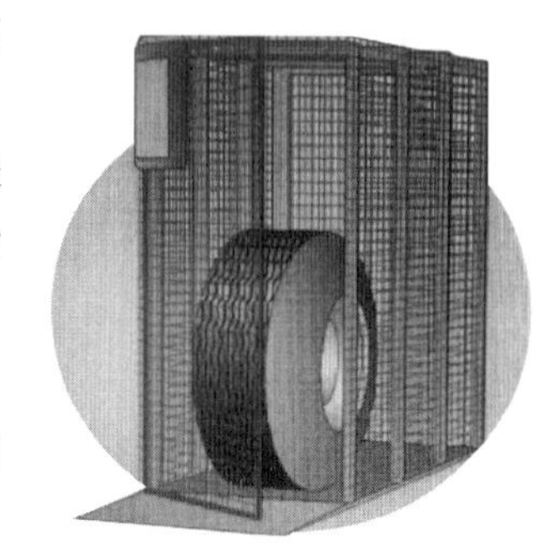

图 4 - 11 充气保护罩

第三节 汽车底盘的车下维修风险

当在汽车底部进行传动、制动、转向等系统的日常检查及维修时,必须遵守正确的操作程序从而确保操作安全。以往有多例汽车维修的伤亡事故出现在汽车底部的维修作业中,所以必须引起注意,应严格遵守车底维修的工作安全事项。

一、进行车底维修前须注意如下事项

(一)利用举升机进行车底维修

(1)使用举升机前,应先检查该设备的动力传动部分,如钢丝绳、螺丝杆、齿轮组和液压系统等是否处于正常状况,如图 4 - 12 所示。

(2)汽车被升至合适的高度后,升降台应落入锁止状态,以防止升降台突然下降,而当有汽车被举升时,其他汽车严禁在其下通过。

(3)如图 4 - 13 所示,将车身正确托起。不应单靠使用“千斤顶”承托车身,而应利用轴承托架或加垫木方去承托车身重量,同时还要留意地面是否平坦。在升起车身前应拉紧手制动并放入适合的排挡,自动变速箱须放入 P【泊车】挡,以防止车辆移动。

图 4 - 12 举升机使用前的检查

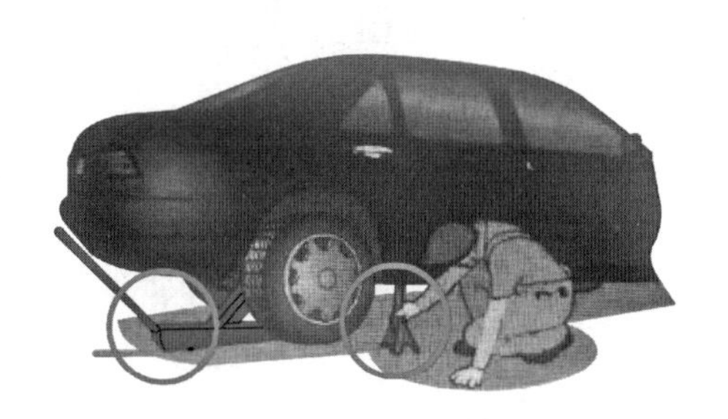

图 4 - 13 将车身正确托起

(4)选择合适的升降设备，不可超过其安全负载重量。

(5)升降设备必须定期测试检验和维护保养，确保操作正常。

(二)利用工作地槽进行车底维修

(1)工作地槽要装配有安全的进出通道。

(2)注意工作地槽的安全情况，不应存有积水、油污、杂物等，并保持工作地槽整洁、进出畅通。

(3)如图4－14所示，在地槽各边缘涂以鲜明颜色的警告条，以提醒驾驶员避免进入时跌入槽内。

二、提供足够的照明和操作空间

(1)为车底操作提供充足的灯光照明，如使用手灯等，如图4－15所示。

(2)车底与地面应保持一定的空间，方便进行维修操作，如图4－16所示。

图4－14 利用地槽维修

图4－15 手灯照明

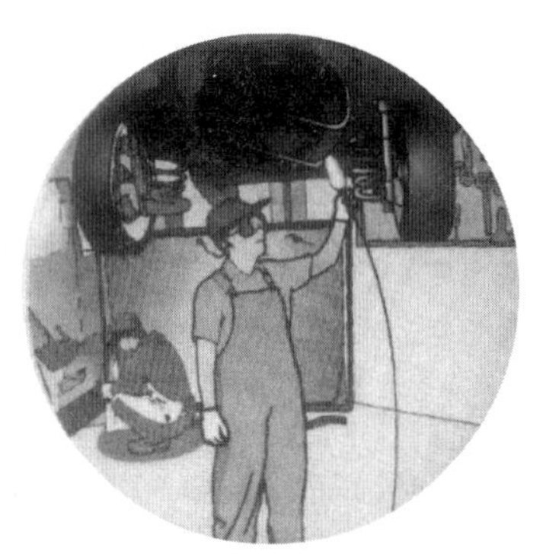

图4－16 与地面有一定空间

三、使用手提工具、个人防护装备及其他注意事项

(1)操作时应注意工具的尖锐部分，不能对向他人和自己身体。

(2)工具须配备合适的手握位置，例如旋具(螺丝刀)、手锉、手锤等均要有合适的手握手柄。

(3)操作时须佩戴合适的个人防护装备，如护眼罩、保护手套、工作服等，如图4－17所示。

(4)避免单独留在车底作业，应与同事共同操作，以提高工作效率和应对突发事件，如图4－18所示。

(5)留有长发的操作者，须妥善佩戴好工作帽子，以免头发意外地卷入机器中。

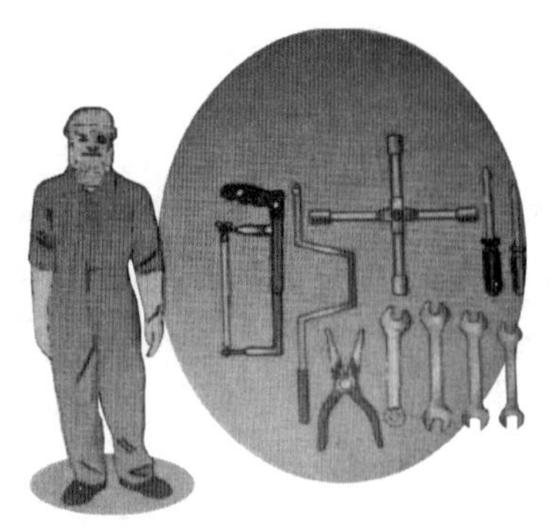

图4－17 做好个人防护

图4－18 共同操作

第四节　发动机、传动、转向系统的检修风险

发动机、传动系统、转向系统是汽车的主要组成部分，检修这些部分是从业人员日常面对的工作，因此从业人员除了经常要在车底下工作之外，还需要拆装重型的机械部件，如发动机、变速箱(波箱)、减震器及转向系统等。在检修发动机、传动系统和转向系统时，应特别注意工作安全。

一、拆装重型机械组件

如图 4－19 所示，拆装重型机械组件时，应特别注意以下事项：

(1)利用机械辅助设备吊运重物，例如：发动机、变速箱装卸升降台等。

(2)吊运前应先评估整个吊运过程，并采取适当的安全措施。

(3)保持足够的工作空间、通道应平坦无阻且有充足的支援及安全设备。

(4)工作前先检查有关的吊装机械和工具(吊机、吊链、吊绳等)。

二、调校发动机

在调校发动机时，应特别注意以下事项：

(1)避免身体、头发或服饰触碰发动机或其他转动部分，如水箱风扇、发电机的皮带等。

(2)小心带电或高温的组件，如防止蓄电池的"＋"极线路与车身发生短路或触碰到发动机的排气歧管等。

(3)如图 4－20 所示，在维修车间内安装轴流换气排放系统，将汽车车间内汽车排放的有害气体从"排放口"直接抽离出维修车间。

(4)保持维修车间内空气流通。

图 4－19　重型机件的吊装

图 4－20　压气的抽离

第五节　有害尘积与润滑油的不安全风险

一、制动系统及离合器尘积风险

如图 4－21 所示。部分型号的制动磨片、离合器的摩擦片均含有石棉成分，进行修理或

更换时有可能吸入石棉灰尘，长期吸入石棉灰尘可导致石棉肺、胸膜斑、肺癌、甚至恶性肿瘤等严重危害健康的疾病。为了防止这些危害的发生，应特别注意以下几点。

(1)禁止使用压缩空气去吹制动系统和离合器上的灰尘或残余物，因为这样可能将石棉灰尘粒吹散，导致其混杂于整个工作空间。

(2)如图 4－22 所示，利用液体洗涤法可减少石棉灰尘飘散于车间内。

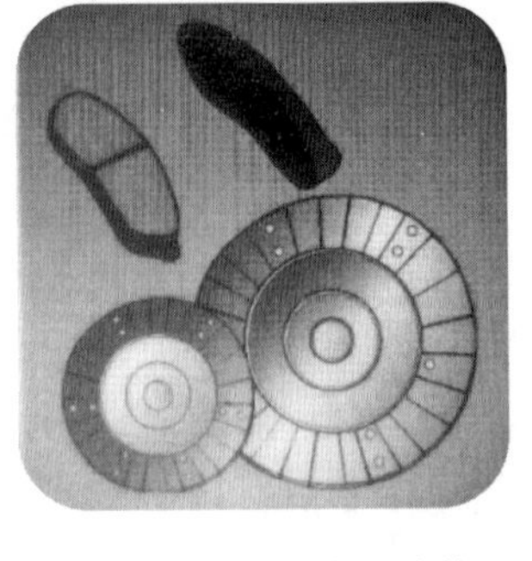

图 4－21　做好个人防护

(3)可使用真空吸尘法(吸尘器，配备"高效能微粒过滤器－HEPA Filter")将石棉灰尘从部件上吸走。

(4)进行相关操作时，须佩戴合适的个人防护装备，如图 4－23 所示，如工作服、呼吸保护器、护眼罩等。

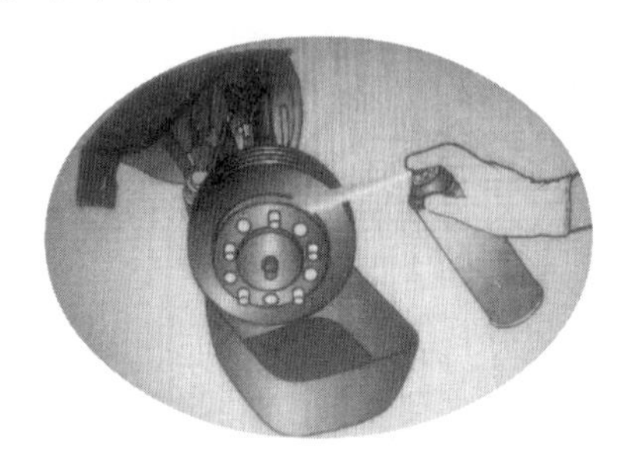

图 4－22　共同操作

图 4－23　防护装备

(5)操作期间禁止饮食或吸烟，完成操作后须立即进行特别清洗，以免石棉尘积于工作间或身体上。

(6)应尽可能地选用不含石棉成分的磨片。

二、替换或存储润滑油不安全风险

替换或储存润滑机油是汽车维修常见的工作，如果不妥当处理"废掉的机油"，在维修期间极易导致到处留有油渍，不但造成工作环境污染，还可造成员工滑倒的危险，所以正确清理废油和油污的程序是不容忽视的。

(1)如图 4－24 和图 4－25 所示，应利用真空式废油回收机或地下工作槽上的废油回收器收集废油。

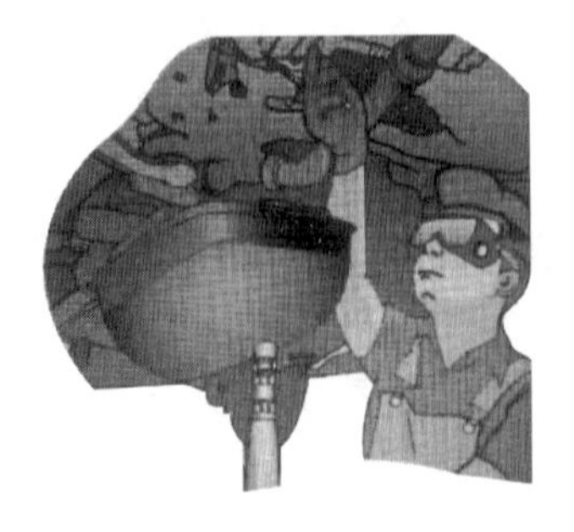

图 4－24　替换润滑油

图 4－25　真空吸油机

(2)废油应存放在适当的容器内,并附上清楚明确的标签。

(3)如图 4－26 所示,废油存放区附近需备有紧急流漏处理设备以供流漏时使用。

(4)废油须由环保部门指定的承办商回收处理,禁止随意倾倒。

(5)操作时应佩戴合适的个人防护装备。

(6)如图 4－27 所示,若发现地上有油污时,应立即妥善清理。

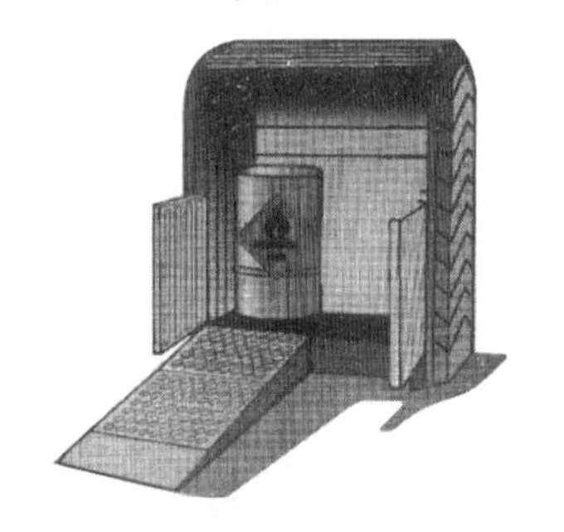

图 4－26　废油存放区

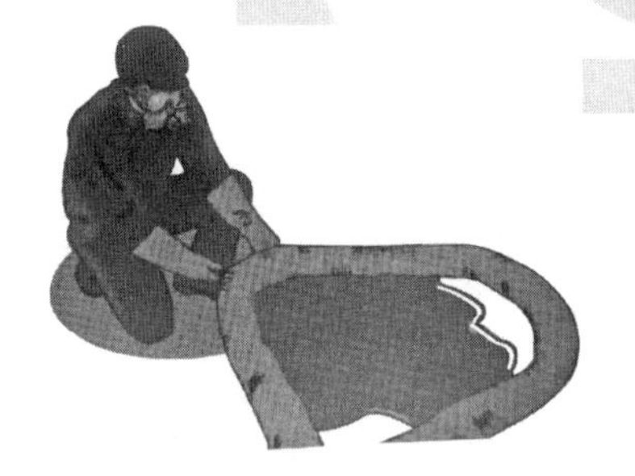

图 4－27　油污处理

第六节　部件清洗中的风险

清洗部件时经常使用各种溶剂或清洗剂来清洗残留在部件表面的油脂、碎屑等,各类型的化学品对身体都可能造成伤害,部分还属于易燃品,如处理不当则可能造成火灾。

除了必须在指定的零件清洗机中进行清洗外,还应注意以下事项:

(1)除油剂和清洗剂不应混合汽油或其他易燃液体,这样会增加其易燃性(降低闪点)而导致火灾。

(2)如图 4－28 所示,工作时须佩戴合适的个人防护装备,如面罩、护眼罩、呼吸保护器、围裙及手套等。

(3)如图 4－29 所示,所有盛装化学品的容器须要封存妥当,贴有对应的标签。

(4)零件清洗机、器皿应设有防护盖,清洗机、器皿不使用时应予以盖好。

(5)不能使用清洗部件的溶剂用作个人卫生清洗用途。

(6)化学品应存放在指定的储存地点,且就近配有灭火器具。

(7)如图 4－30 所示,工厂内应设有洗眼器,以供应急使用。

(8)应保持工厂内的空气流通。

图 4－28　个人防护

图 4－29　化学品标签

图 4－30　应急洗眼器

第七节 汽车散热系统与空调维修中的风险

一、汽车散热系统的修理

汽车散热系统的冷却液俗称“水箱水”，当发动机运行了一段时间后，冷却液吸收了发动机所产生的热能，当温度逐渐升高至沸点，散热系统内的蒸汽压力随即增加，若水箱盖不能适当打开或系统出现损坏时，蒸气压力将立即释放出来，沸水将从水箱口或损坏部位喷出，这可能导致维修工作人员被烫伤。

(1)如图4－31所示，待散热系统和冷却液降温后，方可打开散热器盖，进行维修工作或补充加水。

(2)在发动机未完全降温时，如要添加冷却液应先戴上隔热手套或用湿毛巾盖住水箱盖，用力慢慢地将盖扭至溅气的位置，待系统内的蒸气压力完全释放后，方可扭出水箱盖。

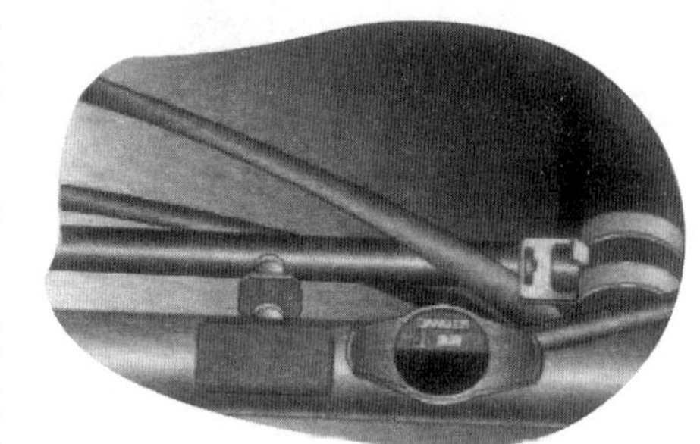

图4－31 散热器盖位置

(3)操作时需佩戴合适的个人防护装备，如面罩、手套和工作服等。

二、汽车空调系统的维修

空调系统已是现代汽车的必备装置，在检查、保养、维修空调系统或添加冷冻剂“冰种”时，须遵守安全操作规则。

(一)维修空调系统

(1)在维修系统前，应将冷冻剂从系统内抽走，如图4－32所示，方可进行维修操作。

(2)回收系统内的冷冻剂时，须确保各连接位置、阀门等处置妥当，以免造成泄漏，如图4－33所示。

图4－32 抽走冷冻液

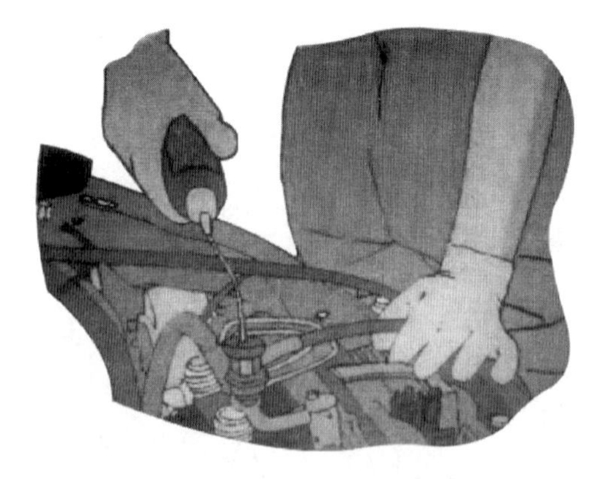

图4－33 回收冷冻液

(3)若需要进行焊接时，应采取适当的措施去隔离易燃物品和汽车燃油喷射系统的剩余燃油，此外，须小心处理焊接时的火焰。

(4)如图4－34所示,施焊时应使用适当的抽风设备将有毒烟雾抽走并佩戴合适的个人防护设备。

(二)加“冰种”

(1)如图4－35所示,应使用空调专用仪器来回收或添加“冰种”,操作时要确保各阀门及各连接处完妥,避免造成渗漏。

图4－34 抽走焊接烟雾

图4－35 充冷设备

(2)“冰种”是特殊气体,经加压后变成液态,所以在搬运或处理“冰种”的容器时,要格外小心,避免碰撞而可能会引致气瓶爆裂。

①应从商家获取有关“冰种”(常用种类:R12、R134a)和紫外光测漏套件(如图4－37所示)、荧光剂的安全资料表(MSDS),并执行各项安全及紧急处理措施等。

②操作时需佩戴合适的个人防护装备,如护眼罩、保护手套和工作服等,如图4－37所示。

图4－36 紫外光测漏套件

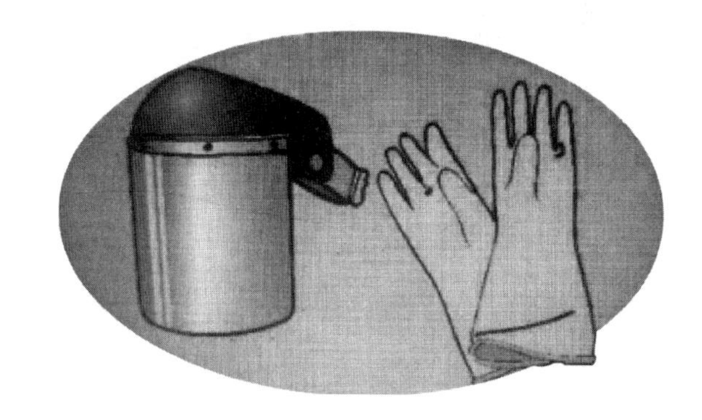

图4－37 防护装备

第八节 排气系统检修中的风险

当汽车发动机正在运行或刚熄火的时候,排气系统的排气歧管温度是很高的,足以灼伤皮肤。除此,从汽车排放出的废气中含有一氧化碳(CO)、二氧化碳(CO_2)、碳氢化合物

(HC)、氮氧化合物(NOx)等。吸入过量的一氧化碳可令人中毒,二氧化碳可令人窒息,所以车间内的汽车废气排放应设有废气排放处理系统。

一、更换排气系统的部件

(1)更换排气系统部件前,应先将发动机熄火,待系统部件降温后方可进行作业,如图4-38所示。

(2)作业中应佩戴合适的个人防护装备,例如:护眼罩、呼吸保护器(防止接触、吸入部件内积聚的碳微粒),隔热手套和工作服(防止灼伤皮肤)等,如图4-39所示。

(3)注意"车底维修"的安全事项。

二、汽车废气的处理

(1)在车间内安装的废气排放中央处理系统,可以把汽车废气从"排气口"直接抽离车间,确保车间内工作人员的健康安全。

(2)车间内要定期进行废气分析测试,当废气排放中央处理系统的抽气口未能接上"排气口"时,应使用独立的流动式抽气设备来抽走废气,如图4-40所示。

(3)保持维修工作间的空气流通。

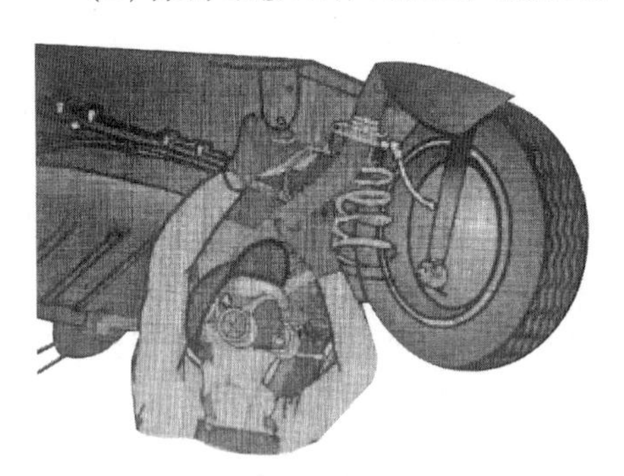

图4-38 降温后再操作

图4-39 防护装备

图4-40 流动式抽气设备

第九节 车身维修可能风险

一、车身焊接维修

在车身维修过程中进行焊接或切割时,极易引起火灾的意外发生。因此,在维修时应遵守正确的安全操作措施,以及对有潜在危险的物品或工序要特别注意。

(1)如图4-41所示,进行焊接、切割前应先检查设备的相关装置(例如气焊时:检查气管、压力表、防止回火的止回阀、压力调节阀、氧气瓶等;电焊机:检查焊钳、电线、开关、变压器等),确保操作正常,方可开始操作。

(2)操作前应清理焊接或切割位置上的油污、杂物,以减少受热后产生有毒烟雾,降低发生火灾的危险。

(3)采取适当措施去保护并隔离汽车的其他装置:如电线、燃油管路等,以及附近的易燃或危险品。

(4)如图4－42所示，使用排风设备将有毒烟雾排除。

图4－41　用前检查

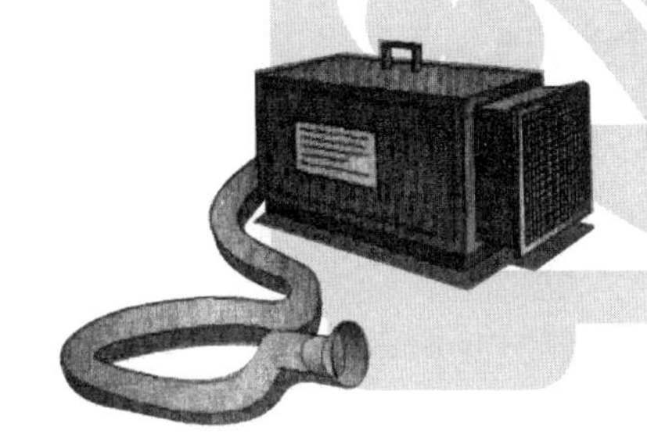

图4－42　防护装备

(5)使用适当个人防护装备，如滤光眼罩、焊接防护帽、呼吸保护器、皮革手套和围裙等。

(6)如图4－43所示，安装适当的保护屏障以防止附近人员被火花或辐射灼伤。

(7)如图4－44所示，注意其他有关焊接和切割工作的安全事项。

图4－43　加装保护屏障

图4－44　安全防护装备

二、金属打磨及切割

使用台式砂轮机或手提角磨砂轮机打磨金属或切割金属时，操作者须要注意防止异物飞射入眼，还要注意磨片破损、噪声和吸入粉尘等危害。

(1)使用台式砂轮机或角磨砂轮机进行打磨工作时，操作人员须经过相关的安全培训，并获得安全操作证书方可进行操作，如图4－45所示。

(2)有关台式砂轮机或角磨砂轮机的安装(尤其是安装砂轮片、锯片)、检查、维修或更换砂轮片、锯片等，须由专业人员进行操作。

(3)台式砂轮机或角磨砂轮机的转速不可超过磨片、锯片所允许的最高工作速度。

(4)如图4－46和图4－47所示，台式砂轮机或角磨砂轮机须装配合适的护罩并调至正确位置，以保护操作人员的安全。

(5)台式砂轮机必须装有刀架，并应妥善调校后方可使用，以适当地承托工件。

(6)在进行打磨或切割工作时，切勿施加力量过大，以免砂轮、磨片、锯片突然破碎伤害人身安全。

图 4－45　手提砂轮机操作

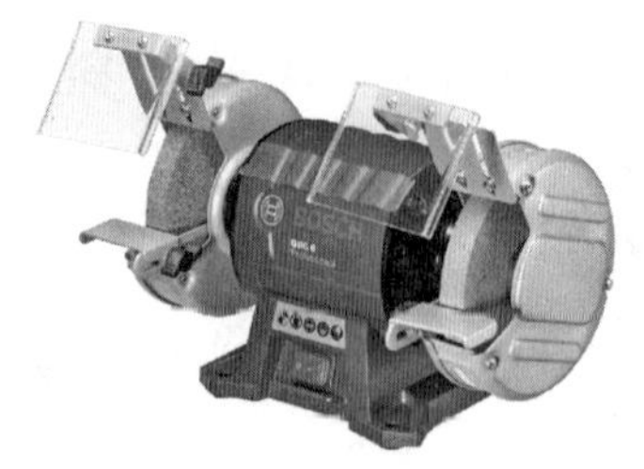
图 4－46　台式砂轮机

图 4－47　手提角磨机

（7）厂内张贴广告、告示或海报，以提醒操作人员有关打磨机械所产生的危险和须要遵守的安全守则。

（8）如图 4－48 所示，工作时需使用合适的个人防护装备，如护眼罩、呼吸保护器、耳塞、手套和工作服等。

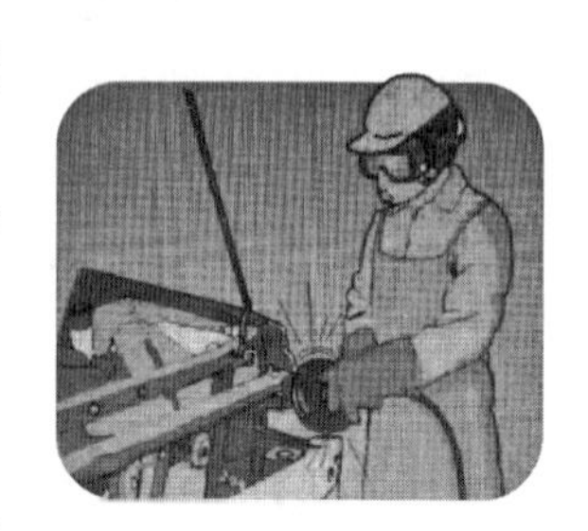
图 4－48　正确防护操作

三、车身喷漆

喷漆作业潜在着许多安全健康方面的危害，若安全措施不当，可能会引致重大事故，如火灾、爆炸等。若专业人员吸入过量的有机溶剂（如天拿水等）也会导致严重的健康问题。

（1）所有喷漆作业须在指定工作地点（如喷漆房）进行，如图 4－49 所示。且喷漆作业地点周围的建筑物和设备须符合有关法律规定。

（2）喷漆作业地点内严禁吸烟、饮食或使用任何可能产生明火或火花的工具。

（3）如图 4－50 所示，使用化学品（如油漆、溶剂）前，应取得有关物料的安全表（MSDS），并遵守有关安全事项。

（4）喷漆作业地点应装有良好的排风及过滤系统，并能及时将雾化的油漆微粒抽走和消除异味。

（5）化学品应妥善地盖好并贴上标签，存放在适当的化学品储存柜内。

（6）在喷漆作业地点须提供足够的消防器具，以供应急使用。

（7）如图 4－51 所示，进行喷漆作业时，须佩戴个人防护装备，如护眼罩、呼吸保护器、手套、工作服等。

（8）废掉的油漆、溶剂或玷污的抹布应存放在适当的回收容器内并封盖完好，由指定专人进行处理。

图 4－49　喷漆房

图 4－50　查阅物料安全表

图 4－51　正确防护操作

第十节　蓄电池充电与保养

汽车蓄电池在充电时会放出氢气,过量积聚的氢气会引起爆炸,而蓄电池的电解液(电瓶水)含有硫酸成分,所以汽车维修厂应为充电、加电瓶水和储存蓄电池等工序制定安全工作守则。

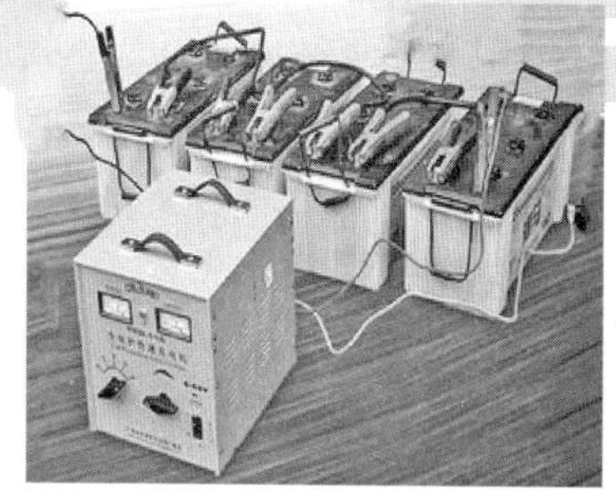
图4-52　正确防护操作

一、蓄电池充电

(1)先将充电机的导线适当地连接到蓄电池的电极上,然后再开启充电机的电源。

(2)如图4-52所示,注意蓄电池电极的正确极性位置("+"、"-")。

(3)保持充电地点的通风良好,以免积聚氢气。

(4)注意身上佩戴的金属饰物,避免倾碰电极,造成蓄电池短路。

(5)定时检查蓄电池的状况,是否过热或出现电瓶水溢出等情况。

(6)充电结束前,先关闭充电机,再断开电极上的导线。

二、加电瓶水

(1)加电瓶水时,应使用适当的防护装备,如面罩、抗酸安全手套及围裙等,如图4-53所示,未佩戴任何防护装备就触碰蓄电池是错误的拆卸蓄电池方法。图4-54所示为电瓶加水时的违章操作,原因是未按规定采取防护措施。

(2)应保持工作间空气流通。

(3)应配备洗眼器,以供应急时使用,如图4-55所示。

图4-53　蓄电池的错误拆卸

图4-54　电瓶水未采取防护

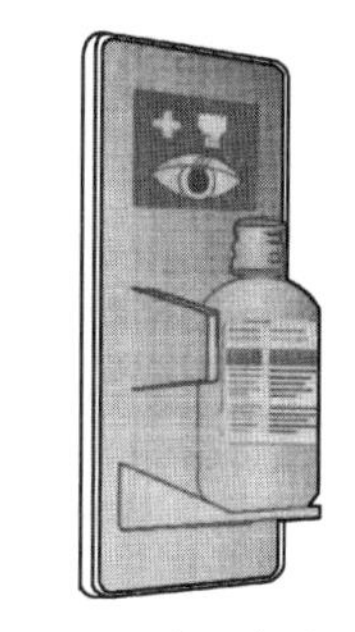
图4-55　需配备洗眼器

(4)溢出的电瓶水需用清水冲洗。

(5)进行蓄电池保养时,严禁吸烟、明火以及进行任何可能产生火花的工序。

思考题

1. 职业安全健康雇主、雇员的一般责任有哪些？
2. 一般性安全操作的风险包括哪些？
3. 更换或修补轮胎安全操作的风险包括哪些？
4. 汽车底盘的车下维修风险有哪些？
5. 汽车进行车底维修前须注意哪些事项？
6. 使用手提工具、个人防护装备应注意的事项有哪些？
7. 发动机、传动、转向系统的检修风险有哪些？
8. 有害尘积与润滑油的不安全风险有哪些？
9. 替换或存储润滑油不安全风险应如何避免？
10. 部件清洗过程中应避免哪些风险？
11. 汽车散热系统与空调在维修中应避免哪些风险？
12. 排气系统检修中的维修应避免哪些风险？
13. 车身维修应避免哪些风险？
14. 金属打磨及切割操作应避免哪些风险？
15. 喷漆作业应避免哪些风险？
16. 蓄电池充电与保养操作应避免哪些风险？

第五章 车间的安全管理

学习目标

1. 了解5S管理的内涵。
2. 掌握5S管理的定义、目的、要领及厂内管理的要点。

第一节 5S管理

说到修理厂的5S管理，肯定很多同学都会说："是的，我知道这个，老师讲过的。"，但很多时候同学们都没有好好记下过，所以今天就给大家好好说一下修理厂的5S管理具体都有什么。

一、什么是5S管理

5S管理就是整理（SEIRI）、整顿（SEITON）、清扫（SEISO）、清洁（SEIKETSU）、素养（SHITSUKE）五个项目，如图5－1所示。因日语的罗马拼音均以"S"开头而简称5S管理。5S管理起源于日本，通过规范现场、现物，营造出一目了然的工作环境，培养员工良好的工作习惯，其最终目的是提升人的品质，养成良好的工作习惯。

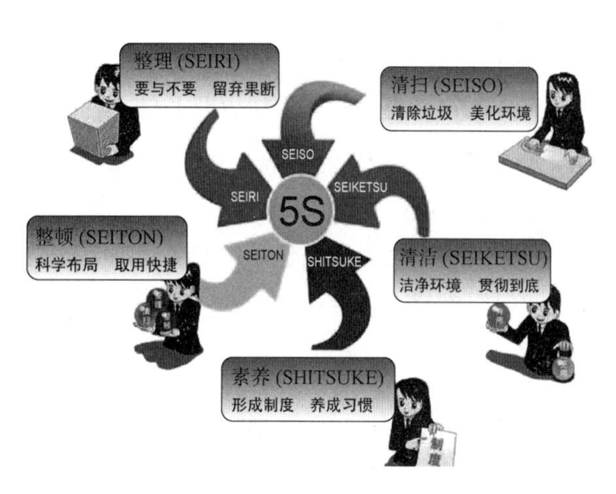

图5－1 5S管理

一些没有实施5S管理的门店，店内脏乱，例如地板粘着垃圾、油渍或纸屑等，日久就形成污黑的一层，仓库内商品与箱子乱摆放，东西用完随处丢掷。再如，花很多钱重新装修的店铺和陈列道具未加维护，经过数个月之后，也变成了破损无法维护的摆设，要使用的工具、常规耗材也不知道放在何处等。员工在作业中显得松松垮垮，规定的事项，也只有起初两三天遵守而已。

二、5S管理的定义、目的、要领

（一）整理（SEIRI）

1. 定义

（1）将工作场所任何东西区分为有必要的与不必要的；

（2）把必要的东西与不必要的东西明确、严格地区分开；

（3）不必要的东西要尽快处理掉。

2. 目的

（1）腾出空间，空间活用；

（2）防止误用、误送；

（3）塑造清爽的工作场所。

正确的价值意识——使用价值，而不是原购买价值。日常使用过程中经常有一些残余物料、待修品、返修品、报废品等滞留在现场，既占了地方又阻碍工作，包括一些已无法使用的工具、消耗品、设备等，如果不及时清除，会使现场变得凌乱。生产现场摆放不必要的物品是一种浪费。

注意：
要有决心，不必要的物品应断然地加以处置。

3. 要领

（1）自己的工作场所（范围）全面检查，包括看得到和看不到的；

（2）制定「要」和「不要」的判别基准；

（3）将不要物品清除出工作场所；

（4）对需要的物品调查其使用频度，决定日常用量及放置位置；

（5）制订废弃物处理方法；

（6）每日开店前和当日结束营业后进行自我检查。

（二）整顿（SEITON）

1. 定义

（1）对整理之后留在现场的必要物品分门别类放置，排列整齐；

（2）明确数量，有效标识。

2. 目的

（1）工作场所一目了然；

（2）整整齐齐的工作环境；

（3）消除找寻物品的时间；

（4）消除过多的积压物品。

注意：
这是提高效率的基础。

3. 要领
(1)前一步骤整理的工作要落实；
(2)需要的物品明确放置场所；
(3)如图5-2所示，工具摆放要整齐、有条不紊；

图5-2 工具摆放整齐

(4)物品和仓库要划线定位；
(5)对场所、物品进行标示；
(6)制订废弃物处理办法。

(三)清扫(SEISO)

1. 定义
(1)将工作场所清扫干净；
(2)保持工作场所干净、明亮。
2. 目的
(1)消除脏污，保持职场内干净、明亮；
(2)稳定品质；
(3)减少伤害，避免滑倒、绊倒。

注意：
责任化、制度化。

3. 要领
(1)建立清扫责任区(每日定时外场和内场清扫)；
(2)执行例行扫除，清理脏污(不定时定点)；
(3)调查污染源，予以杜绝或隔离；
(4)建立清扫基准，作为规范；
(5)开始一次全店铺的大清扫，每个地方清洗干净，如图5-3所示。

图5-3 全店铺的大清扫

清扫就是使客户进入门店就进入到没有垃圾,没有污脏的环境,虽然已经整理、整顿过,要的东西马上就能取得,但是被取出的东西要达到能被正常使用的状态才行。而达到这种状态就是清扫的第一目的,尤其目前强调高品质、高附加价值产品的门店,更不容许有垃圾或灰尘的污染,以免破坏工作环境造成不良形象。

(四)清洁(SEIKETSU)

1. 定义

将上面的3S(整理、整顿和清扫)实施的做法制度化、规范化。

2. 目的

维持上面3S的成果。

注意:

制度化,定期检查。

3. 要领

(1)落实前3S工作;

(2)制订目视管理的基准;

(3)制订5S实施办法;

(4)制订考评、稽核方法;

(5)制订奖惩制度,加强执行;

(6)高阶主管经常带头巡查,带动全员重视5S活动。

5S活动一旦开始,便不可在中途变得含糊不清。如果不能贯彻到底,就会形成另外一个污点环节,而这个污点环节会造成门店内保守而僵化的气氛:我们公司做什么事都是半途而废、反正不会成功、应付应付算了。一旦形成这种保守、僵化的现象,唯有花费更长时间才能打破和改正。

(五)素养(SHITSUKE)

1. 定义

通过晨会等手段,提高员工文明礼貌水准,增强团队意识,养成按规定行事的良好工作习惯。

2. 目的

提升人的品质，使员工对任何工作都讲究认真。

注意：

长期坚持，才能养成良好的习惯。

3. 要领

（1）如图5－4所示，制订服装及规范穿着等识别标准；

图5－4　制订服装规范

（2）制订公司有关规则、规定；

（3）制订礼仪守则；

（4）进行教育训练（店长对新进人员强化5S教育、实践）；

（5）推动各种精神提升活动（晨会，例行打招呼、礼貌运动等）；

（6）推动各种激励活动，遵守规章制度。

第二节　厂内管理要点

如图5－5所示，安全和整洁的工作环境，除了可以减少意外事故的发生，还可增加工作效率，同时会留给顾客一个良好印象。

一、工厂整理的要点

（1）保持通道和紧急出口畅通无阻。

（2）确保地面平坦清洁，没有油渍及水渍。

（3）在适当地方设置足够的灭火器具，并展示禁止吸烟标志。

（4）工厂应提供适当的急救设备、卫生设施和洗涤设备。

（5）物料存放区应划分清楚，化学品、易燃品储存柜要有明确的安全标签。

（6）如图5－6所示，工具要存放在合适的工具架或工具车上。

图 5-5 工厂清洁管理

图 5-6 工具需存放合理

(7)定时检查和检验吊装机械和装置,以及风动和液压装置等。

(8)如图 5-7 所示,所有电力装置须由电工人员进行安装和维修,如图 5-8 所示,同时还应定时检测所有安全装置,如漏电保护器、保险丝等。

(9)保持工作地点的通风良好及温度适中,以防员工中暑或出现其他健康问题。

图 5-7 专业电工人员进行安装和维修

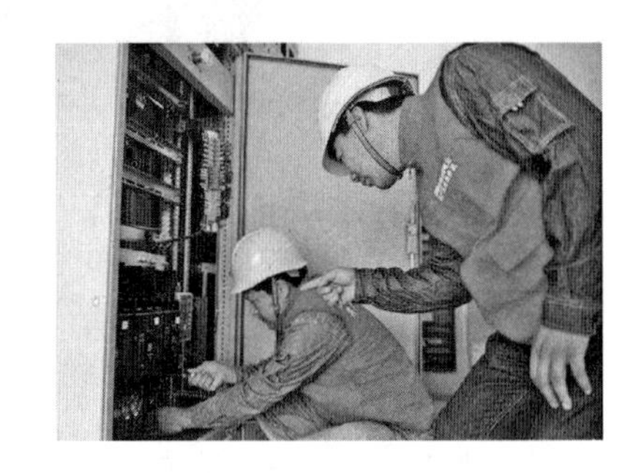

图 5-8 定时检测安全装置

二、健康与安全总结

如图 5-9 所示,注重工作环境的职业安全及健康,及时进行总结,不但能增加工作效率,降低意外的发生,还可以减少操作者的体力消耗。施行职业健康安全管理,建立良好的工作环境,是确保从事汽车维修工作的从业人员安全及健康的保证。

图 5-9 健康与安全总结

思　考　题

1. 什么是5S管理？
2. 整理的目的、要领是什么？
3. 整顿的目的、要领是什么？
4. 清扫的目的、要领是什么？
5. 清洁的目的、要领是什么？
6. 素养的目的、要领是什么？
7. 厂内管理的要点包括哪些？

第六章 维修车间内务及危险隐患的预防

学习目标

1. 了解防护装置的重要作用。

2. 合理运用防护装置。

3. 了解化工材料的性能及可能的危害，操作中采用有针对性的防护措施和存储过程中的安全的选择。

4. 了解危险工序可能的风险，并能够正确识别危险警告标签。掌握适合的工作程序从而避免风险，以确保安全第一的原则。

5. 了解紧固件选择不当的风险；密封、密封垫和密封剂可能导致的风险；密封剂的正确选用；测量工具操作不当的风险；工具选用不当的风险。

第一节 维修车间内务

许多意外伤害事故由杂乱无章而引起。在凌乱的工作场所，常常会发生因绊倒、跌倒或滑倒而导致受伤的事故。

员工有责任安全妥善保管所有设备、部件和汽车，以确保不受伤害。所有设施安装有序，整洁车间的特征是：地面清洁不湿滑；火警应急出口畅通；器具存取通道无障碍；工具存放安全方便；电气和压缩空气等动力输出源标记清楚、明显并定期检查。加长电缆或软管在用后收好或悬吊在天花板上空，车间及工作场所灯光明亮，确保室内空气新鲜，工作环境舒适，固定设备或相关装置得到定期维护并处于安全状态,工作场所的所有人员均受过常用设备的使用培训,并熟知安全操作规程。

一、员工责任

进入车间工作时,应避免的事情:有宽松的袖口;戴项链、手镯、戒指、手表;穿喇叭裤、时装鞋、紧身裙、拖鞋;解开的领带或鞋带;留长发;手帕垂挂在衣袋外面等等。

忠告:摘下珠宝首饰;戴“夹式”领带;穿用经过批准的工作服、工装裤等;穿用带有防压铁头的劳保鞋;束紧长发;需要时,使用正确的眼、手、耳防护装置。准备工作不要仓促,给自己留有充足的准备时间。只有遵循上述原则,才能获得安全。

二、手用工具

许多割伤和擦伤都是由使用损坏的手用工具或误用手用工具造成的。使用工具时,一定确保工具清洁完好,切勿使用已知损坏的工具。多数手用工具都需要操作者用力完成,不管是在拉、推还是转身时,一定要站稳,防止工具打滑或失去控制时伤到身体某个部位。

忠告:一定要使用正确规格的工具进行作业;锋利的工具不用时,应护好刃口;不要使用手柄松动的工具;不要做与工具不相适应的工作;不要使用带“蘑菇头”的冲子或錾子;在使用切具时,一定要用台钳固定工件;切勿使用开裂的套筒;切勿加长工具手柄以增大杠杆力的作用;切勿使用电动工具来驱动“手用”套筒;不得将工具遗留在发动机罩下;在工作场地的工具要有清单,以避免工具遗留在车辆的某些部件总成内,引发车辆的机械故障。

三、压缩空气

许多车间都由压缩空气作为便利的动力来源驱动工具。压缩空气如果正确使用很安全,如果使用不当则非常危险,可致人严重受伤或死亡。不得使用压缩空气进行下列操作:

吹掉工作台上的锉屑或铁屑;吹去衣着上的粉尘;和人开玩笑;清理部分密封的物体,如灯光设备等;清除制动装置上的粉尘。记住,压缩空气不是玩具。

一般车间压缩空气的压力有可能超过 700 kN/m^2(约 7 公斤/平方厘米),这足以将空气吹透衣服进入的血液,从而导致死亡。摆弄空气管线看起来好玩,但很可能带来不幸的后果。

四、一般行为

许多人因在工作时闲逛而遭受严重伤害。事故往往发生在当人分心或精神不集中的时候,在工作场所应时刻对自己的行为负责。

忠告:在工作场所不要奔跑;不要戴“随身听”;要明察周围发生的事情;小心驾驶;安全操作机械设备;切勿在安全方面走捷径。

如果拿不准你是否适合干某项工作时,请征询主管或熟知该项工作同事的意见。切勿在酒后或服药后等身体状况不佳的情况下工作,否则将带来极大危险隐患。

第二节　防护装置

员工在进入工作车间之前，必须准备好安全工作所需的防护装置。应根据工作种类的不同，选用相应的安全防护装置并正确佩戴，车间内的不同工位均应设置警示标识并在醒目的位置悬挂。

一、场地环境的工作防护

（一）头部防护装置

如图6－1所示，在停于坡道的汽车下工作时应使用头部防护装置，防止因工具或物体掉落而受伤。

（二）眼睛防护装置

如图6－2所示，在有飞溅火花或打磨、钻孔会产生粉尘的区域工作时应使用眼睛防护装置。

图6－1　头部防护标识

图6－2　眼睛防护标识

（三）耳朵防护装置

如图6－3所示，在噪声环境下工作时应使用耳朵防护装置。如果所处区域必须喊叫3米以外对方才能听见，则表明环境噪声过大需要使用耳朵防护装置。

（四）手防护装置

如图6－4所示，当处理锋利或高温材料时，使用正确类型的手套可防止割伤或烫伤。

图6－3　耳朵防护标识

图6－4　手防护标识

（五）脚防护装置

如图6－5所示，劳保靴可以有效保护脚部在工作中不受伤害。鞋底应该防滑，脚趾部位应有防压铁头。

(六)呼吸道防护装置

如图6－6所示,某些工作会产生粉尘或涉及使用会释放烟雾的材料,应该使用正确型式的面具,以防止吸入粉尘或烟雾。

图6－5　脚防护标识

图6－6　呼吸道防护标识

二、材料(化工材料)

(一)溶剂

常用溶剂包括丙酮、石油溶剂油、甲苯、二甲苯和三氯乙烷。油漆、塑料、树脂、稀料等可用于材料的清洗和脱蜡,其中有些为高度易燃或可燃。

皮肤长期或反复接触这类溶剂会使皮肤脱脂并引起过敏和皮炎,有些溶剂还可通过皮肤吸收,引起中毒或伤害。有些溶剂溅入眼内则可对眼睛产生严重刺激并可能导致视力丧失。短时间接触高浓度溶剂蒸气或烟雾会引起眼睛和咽喉疼痛、昏睡、眩晕、头痛,最坏的情况还会导致神志不清。反复或长期接触过量低浓度溶剂蒸气或烟雾,在平时身体没有任何不适的情况下,也可对人产生比较严重的有害影响。

健康保护注意事项:应避免长期和反复接触机油,特别是废旧发动机机油,切勿将沾有机油的布片放在衣袋里。应避免穿戴被油污染的衣服,特别是内衣裤和鞋袜。如果开放的割伤和伤口应立即得到急救治疗。

每次工作前应涂抹些隔离膏,这样有助于去除皮肤上的机油。工作后应用肥皂和水清洗,确保清除所有皮肤上的机油(皮肤清洁剂和指甲刷会有帮助)。清洗后,可用含有羊毛脂的护肤霜补充皮肤上被清除的自然油脂。

切勿使用汽油、煤油、柴油、稀料或溶剂清洗皮肤。如果皮肤出现异常,应立即求医。如果可能,搬运部件前应先清除部件上的油脂。

只要有接触眼睛的危险,就应该佩戴眼睛防护装置,例如化学品护目镜或防护面罩。另外还应备有眼睛清洗装置。

(二)润滑油和润滑脂

避免长期和反复接触矿物油。长期和反复接触矿物油会去除皮肤上原有脂肪,导致皮肤干裂、过敏和皮炎。另外,废旧机油可能含有可导致皮肤癌的有害污染物。必须提供充足的皮肤防护和清洗设施。

不得把废旧发动机机油用作润滑油或用于任何皮肤可能接触的地方。所有润滑油和润滑脂都可能对眼睛和皮肤产生刺激。

废机油和废滤清器应通过授权的废弃物处理承包商或特许废物处理场进行处理,或送到废油再生回收站。这方面如果有疑问,应向地方有关部门查询。

将废机油倒于地面、倒入下水道或排水沟甚至直接排入河道是非法的。如果机油流入河水，将对鱼类及其他生物产生毁灭性影响。如果河水是人类生活用水的水源，那么供水就可能受到长时间污染，1 L 机油可污染 5 000 m^2 的水。

（三）氯氟化碳（CFC）

含氯氟烃主要用作汽车空调系统的制冷剂和气雾剂的挥发剂，卤化物则用于灭火剂。

科学界担心含氯氟烃和卤化物正在消耗地球上方能滤除有害紫外线的臭氧层。其后果可导致人类皮肤癌、白内障和免疫系统低下而导致病患增加，还会降低农作物和水产系统的产量。

（四）防冻剂

防冻剂高度易燃、可燃，可用于汽车冷却系统、制动器气压系统和风窗清洗液。冷却液防冻剂（乙二醇）受热时会释放蒸气，工作人员应避免吸入这类蒸气。防冻剂可通过皮肤吸收，从而引起中毒或伤害。防冻剂如果误食可能致命，误食后应立即求医。

任何与普通食品加工或自来水供应管路连接的冷却用水系统或工业用水系统，不许使用这类防冻剂产品。

（五）酸和碱

常见的酸碱溶液包括氢氧化钠及硫酸，通常用于蓄电池和清洁材料，它们对皮肤、眼睛、鼻子及咽喉均有刺激性和腐蚀性，不仅可引起烧伤，还可穿透普通的防护衣具。为了避免溅于皮肤、眼睛和衣服，工作中应穿戴恰当的抗渗防护围裙、手套和护目镜。同时注意切勿吸入有害雾气。当发生泼溅事故时，应能立即得到洗眼瓶、淋浴和肥皂并进行清洗。在有酸碱危害的相关区域应设置“对眼有害”标志。

（六）制动液（聚二醇）

制动液溅于皮肤、眼睛会有轻微刺激，工作中应尽可能防止制动液接触到皮肤和眼。由于蒸气压力极低，所以在大气温度下一般不会产生吸入蒸气的危险。

（七）防锈材料

这类材料不尽相同，但均高度易燃。工作中要遵守“严禁吸烟”的规定，还要遵循制造厂商的使用说明。由于它们可能含有溶剂、树脂、石化产品等，还应该避免接触皮肤和眼睛。只可在非封闭空间和充分通风的情况下喷涂。

（八）油漆

油漆高度易燃、可燃。一定要遵守“严禁吸烟”的规定。

喷涂油漆时，最好在带废气排放设备、能将蒸气和喷雾从呼吸区域排除的工作间进行。在工作间工作的人员，应该穿戴专用呼吸防护装置。在开放车间进行小面积修理工作的人员，应该戴供气滤尘呼吸器。

（九）胶粘剂和密封剂

胶粘剂和密封剂高度易燃、可燃，通常应保存在“非吸烟”区。一定要遵守“严禁吸烟”的规定。

工作中应注意保持清洁和整齐,例如在工作台上铺盖一次性纸张,应该尽可能用涂胶器进行涂胶,容器(包括辅助容器)应贴有恰当的标签。

厌氧、氰基丙烯酸酯(超级胶)及其他丙烯酸胶粘剂大多有刺激性、感光性并对皮肤及呼吸道有害,某些还对眼睛有刺激性。应避免接触皮肤和眼睛,并遵循制造厂商的使用说明。

氰基丙烯酸酯胶粘剂(超级胶)切不可接触皮肤或眼睛。如果皮肤或眼睛组织被粘结,应覆盖清洁且潮湿的布,并立即求医。切勿试图将粘住的地方撕开。胶粘剂蒸气对鼻子和眼睛有刺激性,应在通风良好的地方使用。

树脂基胶粘剂及密封剂,包括环氧化物和甲醛树脂基胶粘剂和密封剂,应该在通风良好的地方进行混合,因为混合时可能释放有害或有毒挥发性化学物质。当皮肤接触未硫化的树脂和硬化剂时,可引起过敏、皮炎,有毒或有害化学物质会被皮肤吸收。溅入眼睛可损伤眼睛,应充分通风,避免接触皮肤和眼睛。

热熔胶在固态下安全,熔融态时可导致烫伤。为了防止吸入有毒气体而危害身体健康,应使用专用防护衣具和带有热熔断路器的恒温控制加热器,并保证充足的抽排风。

(十)泡沫材料(聚氨基甲酸酯)

泡沫材料可用于隔绝噪声。经过硫化处理的泡沫塑料可用于座椅和装饰垫等。

患慢性呼吸道疾病、哮喘、支气管炎或有变态反应疾病史的人员不应接触或在未硫化材料附近工作。因为泡沫的蒸气或喷雾可导致皮肤过敏性反应,并可能危害到身体健康。

同时,切不可吸入这些有害蒸气和喷雾。涂施这些材料时,必须充分通风并使用呼吸防护装置。切勿在喷雾后马上摘下口罩,应等到蒸气或雾气完全散尽之后才可摘下。

燃烧未硫化的成分和硫化的泡沫塑料会产生有毒和有害烟雾,因此在加工泡沫材料时及其蒸气或雾气散尽之前,不允许抽烟、出现明火或使用电气设备。

任何高温切割硫化或部分硫化泡沫材料的操作都应在充分通风的情况下进行,参见“车身修理手册”。汽车的生产和保养中有可能使用某些带有危险性的材料,下面简要介绍一些在汽车上工作时可能遇到的这类材料。

使用、存储和搬运如溶剂、密封材料、胶粘剂、油漆、树脂泡沫塑料、蓄电池电解液、防冻剂、制动液、燃油、机油和润滑脂之类的化工材料时一定要小心谨慎,轻拿轻放。这些材料可能有毒、有害、有腐蚀性、有刺激性、高度易燃或能产生危险烟雾和粉尘。

这些化学品过度暴露对人体产生的影响可能是直接的或缓发的、暂时性或永久性的、累积的,有可能危及生命或折减寿命。

化学材料使用的禁忌:①不要混合化工材料,除非按照制造厂商的说明进行。因为某些化学品混合在一起能形成其他有毒或有害的化合物,释放有毒或有害的烟雾,或变成爆炸物。②不要在封闭的空间,例如人在车内时喷洒化学材料,尤其是带有溶剂的材料。③不要加热或火烧化工材料,除非按照制造厂商的说明进行。因为有些化工材料高度易燃,加热或燃烧后可能释放有毒或有害烟雾。④切勿敞开容器。因为释放出的烟雾能积聚至有毒、有害或易爆的浓度。⑤有些烟雾比空气重,会在封闭、低洼部位积聚。切勿将化工材料换盛在未作标记的容器内。⑥切勿用化学品洗手或洗衣服。化学品,特别是溶剂和燃油,会使皮肤变干并可能产生刺激导致皮炎,或被皮肤吸收大量有毒或有害物质。⑦切勿用空容器盛装其他化工材料,除非它们在监控条件下已被清洗干净。⑧切勿嗅闻化工材料。短暂暴露于高浓度的烟雾都可能是有毒或有害的。

化工材料使用中的注意事项:①一定要仔细阅读并遵循材料容器(标签)及任何附带活页、告示或其他说明上的危险和预防警告。应从厂商处获得化工材料的有关健康和安全数据表。②皮肤和衣服沾染化工材料后一定要马上清除,及时更换严重污染的衣服并清洗干净。③一定要制订工作规程并准备防护衣具,避免皮肤和眼睛受到污染,吸入蒸气、悬浮微粒、粉尘或烟雾。④严禁容器标签标示不清,从而避免引发火灾和爆炸事故。⑤搬运化工材料后,一定要在吃饭、吸烟、喝水或上厕所之前洗手。⑥要保持工作区域干净、整洁,无溢洒。⑦一定要按照国家和当地法规的要求存储化工材料。⑧一定要将化工材料保存在儿童接触不到的地方,以避免儿童误饮。

三、废气

发动机废气中包含使人窒息、有害和有毒的化学成分和微粒,如碳氧化合物、氮氧化合物、乙醛和芳香族烃。发动机应该只在有充分的废气抽排设施或非封闭空间并且全面通风的条件下运行。

四、发动机

汽油机在产生有毒或有害影响之前并无充分的气味或刺激警告,这些影响可能是即发的或缓发的。柴油机的黑烟、使人不适和刺激性,通常是烟雾达到有害浓度的预先警报。无论汽油机还是柴油机均须进行废气排放回收,如图 6－7 所示。

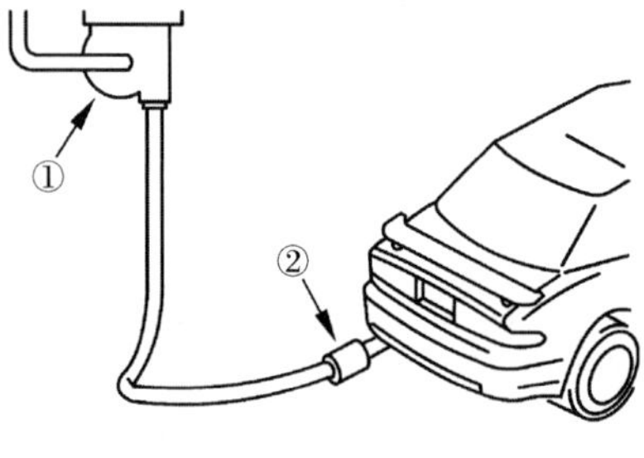

图 6－7　废气排放
①屋顶抽气扇;②连接汽车排气管的废气抽排软管

五、空调制冷剂

空调制冷剂高度易燃、可燃。操作现场要遵守“严禁吸烟”的规定。皮肤接触空调制冷剂可能导致冻伤,因此必须遵循制造商的使用说明,避免明火并穿戴适当的防护手套和护目镜。

如果皮肤或眼睛接触到制冷剂,应立即用大量清水冲洗受影响部位。眼睛还应使用专用冲洗液清洗,不得揉擦,必要时寻求医疗救护。某些空调制冷剂还会破坏大气臭氧层。

不得将制冷剂容罐暴露于日光或高温下。加注时,不得将制冷剂容罐直立,应阀口朝下。不得让制冷剂容罐受冻。切勿掉落制冷剂容罐。任何情况下都不得将制冷剂向大气排放,不得混用制冷剂,如 R12(氟利昂)和 R134a。

六、燃油

燃油高度易燃。应遵守“严禁吸烟”的规定,如图 6－8 所示。

尽量避免皮肤接触燃油。万一发生接触,要用肥皂和水清洗受侵害的皮肤。长期或反复接触燃油,会使皮肤变干并引起过敏和皮炎。油液进入眼睛会产生严重刺激。

吞下燃油会对口腔和咽喉产生刺激,肠胃吸收后可导致昏睡和神志不清。少量燃油对儿童来说都可能是致命的。

车用汽油中含有对人有害的苯,汽油蒸气的浓度必须保持在极低的水平。高浓度会引起眼鼻喉过敏、恶心、头痛、抑郁和酒醉症状。超高浓度会导致意识迅速丧失。长期接触高浓度汽油蒸气可致癌。

存储和搬运易燃材料或溶剂时,特别是在电气设备附近或焊接过程中,一定要严格遵守防火安全条例。使用电气或焊接设备之前,要确保没有火灾隐患存在,使用焊接或加热设备时,手边应备有适当的灭火器。

注意:
燃油严禁倒入下水道,否则有可能引起爆炸。

切勿将燃油排入敞口容器,否则极易引起火灾,如图 6-9 所示。

图 6-8 遵守"严禁吸烟"

图 6-9 切勿将燃油排入敞口容器
①敞口容器

七、粉尘

粉末、粉尘或烟尘多数有刺激性、对身体有害或有毒。应避免吸入来自粉状化工材料或干磨操作产生的粉尘。如果通风不足,应戴呼吸防护装置。

细微粉尘属于可燃物,有爆炸危险。要避免达到爆炸极限并远离火源。切勿用压缩空气清除表面或织物上的粉尘。

八、石棉

石棉通常用于制造制动器、离合器衬片、变速器制动带和密封垫。

吸入石棉粉尘会导致肺损伤,有时可致癌。

建议使用制动鼓清洗机、真空吸尘器或湿擦的方法清除粉尘,如图 6-10 所示。

石棉粉尘垃圾应该弄湿,装入密封容器并做标记,确保安全处置。如果要在含石棉的材料上切割或钻孔,应将该零件弄湿并仅用手用工具或低速动力工具加工。

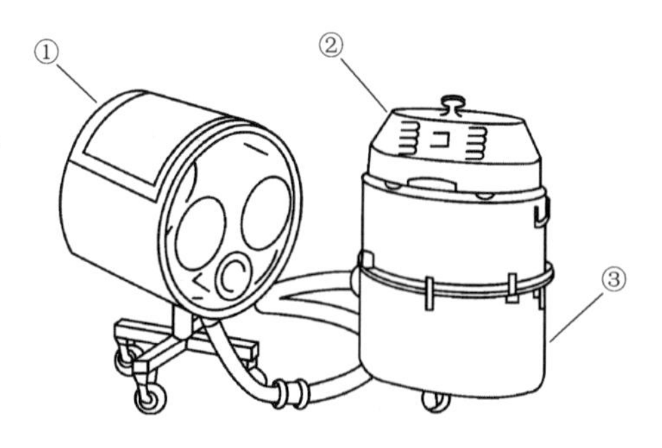

图 6-10 真空吸尘器
①清洁排风罩;②电动真空泵;
③滤清器/收集罐总成

第三节 危险工序可能的风险

一、焊接

焊接工艺包括电阻焊(点焊)、电弧焊和气焊。

(一)电阻焊

该工艺可使熔融金属颗粒高速射出,操作中必须对眼睛和皮肤加以保护。

(二)电弧焊

该工艺会放射高能量紫外线,会造成操作人员和附近人员眼睛和皮肤灼伤。气体保护焊在这方面特别有害,操作者必须穿戴个人防护装置,并且用屏蔽装置保护其他人。电弧焊时应将隐形眼镜换成普通眼镜。因为电弧光谱会放射微波,可能将镜片与眼睛之间的液体烘干,这样在摘下隐形眼镜时可能损伤眼睛甚至导致失明。电弧焊也会产生金属飞溅,需要使用眼睛与皮肤专用防护装置。

焊弧的高温会使焊接的金属、焊条和工作面上的任何涂覆层或污物形成烟雾与气体,这些气体和烟雾可能有毒,应避免吸入。需要使用抽排风装置清除工作区的烟雾,特别是在总体通风不良或进行大量焊接工作的情况下。在个别情况下,或在没有足够通风的封闭空间内,还需要使用供气防毒面具。

(三)气焊(包括气割)

氧乙炔焊具可用来焊接和切割,应格外小心防止这些气体泄漏,以免引起火灾和爆炸。

气焊过程中会产生金属飞溅,需要使用眼睛和皮肤防护装置,气焊火焰明亮,但其放射的紫外线要比电弧焊少得多,可使用较浅的滤光镜。

气焊本身很少产生有毒气体,但工件涂层会产生有毒烟雾和气体,特别是在切割损坏的车身时,所以应避免吸入这些烟雾。

铜焊时,铜焊条中的金属可能会产生有毒烟雾,如果铜焊条中含有镉还会对人产生严重危害。在这种情况下,必须格外小心以避免吸入这些烟雾,并征询专家意见。

焊接或切割任何含有可燃物的器皿之前,如用燃油桶制作的器皿,必须采取特别的保护措施。

(四)锡焊

焊锡是几种金属的混合物,混合物的熔点低于各组份金属(通常为铅和锡)的熔点。焊接时应该使用空气焰,因为此时焊锡通常不会产生有毒气体。不得使用氧乙炔焰,因为它们温度太高,会产生铅烟。任何类型的火焰作用在涂有油脂的表面时都会产生一些烟雾,应避免吸入这些烟雾。

清除多余焊锡时应小心,确保不会产生细微的铅末。因为铅末有毒,需要使用呼吸防护装置防止吸入。散落的焊锡和锉屑应及时收集和清除，以防止铅对大气造成污染。为了避免摄入铅或吸入衣服上的焊锡粉尘，需要提高个人卫生标准。

二、危险警告标签（汽车上的警告标志）

不少汽车部件上可以看到带有警告标志的标贴，对于所警告的内容，必须严格遵守。下面是几种最常见的警告识别标记及其说明。

如图 6－11 所示，部件或总成贴有警告三角形和打开书本标志，表示在触摸或调整这类部件之前应参阅车主手册中的相应章节。

如图 6－12 所示，部件或总成贴有带“闪电箭头”的警告三角形和打开书本的标志，警告带有高压电。在发动机运转或点火开关接通时切勿触碰这些部件。

图 6－11　操作前应查阅资料

图 6－12　警告带有高压电

如图 6－13 所示，通过这个标志可识别汽车是否使用含有石棉的零件和备件。

如图 6－14 所示，汽车上贴有删除一根点着火柴的圆圈警示标志，表示禁止在附近使用明火或火焰，因为存在高度易燃或易爆的液体或蒸气。

图 6－13　是否使用含有石棉

图 6－14　禁止使用明火

如图 6－15 所示，部件或总成带有这个标志，表示警告该部件含有腐蚀性物质。

如图 6－16 所示，汽车贴有这个标志（通常连同上述标志）警告附近存在易爆物质。

图 6－15　警告含有腐蚀性物质

图 6－16　警告存在易爆物质

第四节　可避免风险的工作程序

在汽车修理车间要进行各种不同的工作，其内容可能包括一般保养、重大修理乃至总成大修或全车大修。所有汽车服务工作都有一定的操作程序。一项简单作业可以只有一个或者两个操作程序，而重大修理可能要涉及多个操作程序。

常见的维修操作程序包括：拆卸；清洁并检查部件；测量部件；组装与装复；诊断；调整，润滑等。掌握并采用适合的操作程序可以有效地避免工作中带来的风险。

一、拆卸

当测量或者检查表明发生了故障需要修理时，拆卸零件就成为必需的一项工作。大多数部件是由很多更小的零件组成的，为了找到故障件，有时需要对部件进行拆解。

为了避免混淆和损害零件，需要操作人具备一定的知识和技能并依循一定的拆卸程序。

(1)正确选择和使用恰当的工具可以避免风险。

了解应该使用哪些工具并知道如何正确使用这些工具，不仅会使操作变得更为轻松，大大提高操作效率，还可以避免由于工具使用不当而给自己带来伤害。

(2)针对具体的场合正确使用恰当的工具，不仅能防止对所施修的部件造成不必要的损害，还能使工具保持良好的工作状态，使其能够长期安全可靠地为操作人员服务。

二、清洁和检查零件时确保安全第一

汽车部件拆卸前须清除油泥和灰尘，以免拆卸中将灰尘(异物颗粒)带入部件内部。拆卸以后要对部件进行清洗以准备检查和组装。清洗的方法有多种，无论采用哪种方法，均需确保安全第一。

(1)热浴槽、旋转式清洗机以及各种不同的清洗箱和零件清洗机都使用各种石油基溶剂和化学制剂。清洗时一定要戴护目镜或采取某种保护眼睛的措施并佩戴防护手套和围裙，以防眼睛或皮肤接触热的或带腐蚀性的清洗剂而受伤，在使用蒸汽清洗设备或者喷丸机时尤其要注意这一点。

(2)有的化学制剂接触到皮肤后，如不马上冲洗，可能造成严重的皮肤病，如皮炎等，因此一定要尽快洗掉清洗液以避免受到持久而严重的伤害。

(3)使用喷丸机时要特别小心，确保喷出的砂束不会直接弹向操作者本人。不要使喷束直接对着要清洗的物体，要朝安全一侧偏少许角度。

(4)使用喷砂机或其他高压喷洗设备时，要确认隔舱的密封性，以免过多的灰尘逸出飘浮在空气中，因为一旦吸到肺里，就可能造成严重的远期健康问题。不过，这个问题只要戴一个能覆盖鼻子和口部的面具就可以避免。在冷热槽内使用化学制剂和清洗剂清洗化油器和变速器部件之类的零件时也有类似的情况。未戴相应的呼吸面具时，不要去掀清洗箱或滚桶的盖子。

三、测量

部件经彻底清洁后，往往还要做测量。有时部件不必清洗，但需进行某种检查或测量来确定部件功能是否正常，是否符合厂家规范或仍在使用限值之内。

进行某种形式的测量或检查往往是汽车修理的第一步，或者是完成修理后做最后调整的第一步。测量的内容可能是长度、厚度、直径或角度。有时测量可能采取测取读数的形式，如：压力、真空、容积、电压、电阻、每分钟转数（转/分）、形状或者大小等。不管哪种情况，测量的精确度是最重要的。对磨损量的测量往往就能确定零件是否还能再用。有时利用测量来确定所要实施的修理的性质，即是小修还是大修，靠猜测来确定故障显然是不正确的。确定部件或系统中的故障或磨损量需要的是一系列系统的检查，这些检查要借助专用工具及精密的仪器和量具完成。修理手册中可提供各种规格参数，包括部件的原始尺寸和各项使用限值。

零件磨损未超出规定限值的仍可使用，被列为可用零件，超出规定限值的则被列为不可用零件。

四、组装与装复

组装与装复是将零件以正确的程序组合起来并放回原位。这个过程中的操作要格外仔细，保证不仅将零件组装起来，还要使修过的零件“完好如新”。只有使用正确的（相应车型的）工具并小心操作、认真观察才能做到这点。例如：更换一个处于别扭位置的发动机机油滤清器是一件简单工作，使用正确的换油滤工具能够干净利落地完成，而如果未使用正确的工具，简单活也会弄成一团糟。

用来装复缸盖的导向螺栓是又一个例子，使用便利的工具可以帮助操作者轻松地将笨重的缸盖装到发动机上。

安装、装复或复位零件是车间里常见的工作。操作上与组装相似，有时是指同一件事。例如：可以将零件安装（组装）到变速箱里，也可以将变速箱安装到车上。“复位”是另一个同义词，也是“安装”或“装复”的意思。往变速器装轴承和卡环之类的零件时，有时需要使用专用工具。

五、诊断

诊断有时称为“排查故障”或“查找故障”。

当故障比较明显时，可以知道故障发生在哪里。例如是在发动机或变速器，传动系、悬架或制动器等。而当故障不明显时，就需要进行诊断来找出故障源。

六、调整

汽车做完修理后，大多需要进行一些调整。调整可以补偿磨损，恢复厂家设定的原始尺寸。这方面的信息可以在相应车型的修理手册中找到。

厂家提供有关各种零件尺寸、间隙、磨损极限和调整的规范，维修人员据此可以进行必要的调整，恢复原始技术条件。如果磨损过度，调整不过来，则需要将零件拆下修理或视情况更换。

七、润滑

汽车中许多运动机件都需要润滑。发动机零件配备了压力润滑，而有的零件需要做定期润滑或定期检查润滑油脂,当拆卸重装时须重新加脂。

装配时,许多零件涂了一层油脂。这样不仅方便了装配,还提供了初始润滑。发动机、变速器和差速器的零件都是这方面的例子。

第五节　紧固件选择不当的风险

汽车上所用的紧固件有各种型式。包括螺柱、螺栓、螺母、螺丝、铆钉及相关零件如垫圈、弹性挡圈和锁销(开口销)等,如图 6 – 17 所示。

图 6 – 17　螺栓螺母

一、螺栓

螺栓有一个六方头并且螺纹仅占全长的一部分。螺栓常与螺母配合使用,也有往螺孔里拧的,不用螺母的螺栓往往要承受更大的负荷,因而螺栓有不同的尺寸(指螺栓直径),螺栓也用不同的钢材制造以便具有更高的强度。汽车上用的螺栓,有各种不同的尺寸,可承受的负荷及用途也各不相同。

二、螺栓的级别

螺栓按强度类别分级,螺栓头上有号码或条杠标记,很好确认。采用号码标识的螺栓,数码越大螺栓强度越高。采用条杠标记的螺栓按如下分级:无杠螺栓不高于 4 级,三杠螺栓为 5 级,四杠螺栓为 7 级,六杠螺栓为 8 级,如图 6 – 18 所示。

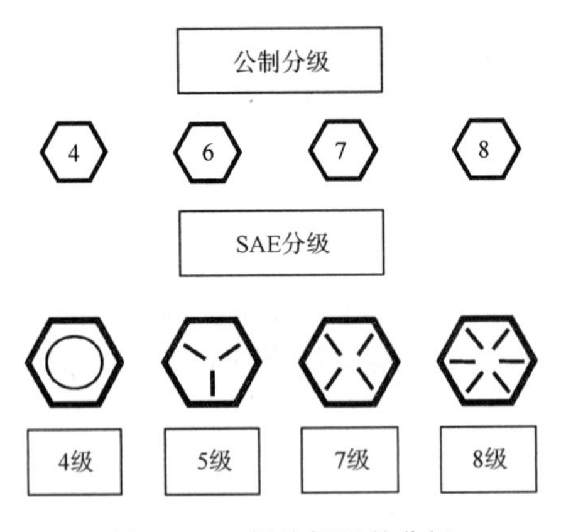

图 6 – 18　螺栓螺母的分级

三、螺纹

螺栓和螺母利用螺纹来达到坚固的目的。汽车螺栓和螺母最常用的螺纹是 V 形螺纹。这种螺纹在修理车间可以用丝锥和板牙方便地制出,不过在制造厂里都是用车床或专用机床生产的。

(1)各主要的工业国原来都发展有自己的螺纹系统,所以有好几种不同的螺纹制式,彼此不能互换。差别还不仅是螺纹。螺栓头和螺母的大小与具体的螺纹制式有关,这也带来了一个问题,对于不同制式的螺栓螺母要使用不同的扳手。

(2)现在所有采用国际单位制的国家普遍采用一种以公制为基础的V形螺纹。美国大多数进口汽车及本地产汽车现在都采用这种公制螺纹。

(3)螺纹有粗细之分,各有不同的用途。铸件中的螺孔采用粗螺纹,铸件较脆,因此螺纹需要粗大一些。

(4)对于韧性比较强的材料,螺栓螺母多使用螺纹数更多的细螺纹,这样可以获得更高的强度。

图6－19　成套螺纹规

(5)如图6－19所示,使用螺纹规来测量螺距。螺纹规的每个尺片上标示有螺纹的螺距,可以方便、快速和准确地识别螺纹。

针对不同的使用场合选用正确的螺栓等级是十分重要的。当螺栓负荷较大、要求的强度较高时尤其如此。为了使螺栓在各种应力状态和汽车使用工况下都能正常工作,要求操作者必须使用扭力扳手按规范拧紧螺栓。很多情况下厂家都推荐有一定的拧紧程序,例如拧紧缸盖螺栓时,就需要按一定的顺序去拧。一定要遵循相应修理手册中所载的厂家推荐的规范操作,以避免导致汽缸盖变形的风险。

螺栓拧紧力矩不足最终会导致松动,降低其作为坚固件的效率。超出厂家规范过度拧紧螺栓,会使螺栓过度拉伸(颈缩)而被削弱,还有可能有折断的风险。

在具体的应用中更换螺栓时,应按同级或更高一级更换。

四、螺柱

如图6－20所示,螺柱没有头部,两头都是螺纹。螺柱往往一端是粗牙,拧到铸件中的螺孔里,另一端是装螺母的细牙。螺柱多用于发动机和辅助部位。主要用于缸盖,特别是做进排气歧管的紧固件。汽车中所用的螺柱通常为4级左右,有的发动机采用8级螺柱作为缸盖紧固件以及主轴承紧固件。

五、螺母

如图6－21所示,螺母有各种型式,汽车所用的螺母大多数是六方的。普通螺母常配用一个锁紧垫圈来防松。有的螺母带有装开口销的槽,有的是自锁螺母。有槽螺母有两种基本类型:有槽六方头螺母与槽顶螺母。这两种有槽螺母一般都用作悬架部件的紧固件,并且都配带开口销。插入开口销时,应使销子的一头整齐地嵌在一侧的槽里,另一头的两端一个向上弯到螺栓端头上,另一个向下弯,贴到螺母平面上。并且端头要修至一定长度。

自锁螺母顶端带锁紧结构,当螺栓拧紧后可起锁紧作用,防止螺栓松动。最常见的自锁螺母是在螺纹顶端带有一个尼龙镶圈。

六、锁紧装置

防止螺母和螺栓松动的锁紧装置有多种型式。选用哪种决定于螺栓或螺母所固定零件的重要性以及其松动的可能性。锁紧垫圈置于螺母和螺栓头部的下方。

负荷与应力较大的大螺栓一般下面垫弹簧垫圈，如图 6－22 所示。较小螺栓则垫其他型式的垫圈，如防震松垫圈。

图 6－20　螺柱　　图 6－21　螺母　　图 6－22　弹簧垫圈

第六节　密封、密封垫和密封剂可能导致的风险

在汽车的很多部分使用了各种型式的密封。其作用是防止润滑油、油脂、燃料、冷却液、空气或燃气泄漏，有时也用于防尘和防水。所用的密封有几种不同的型式：包括油封、密封垫、O 形环、垫圈、密封套和密封剂等。

密封大多用于轴和外壳之间，防止润滑油脂通过轴泄漏，有的位置上的密封还起防尘作用。比如轮毂密封就不仅防止润滑脂泄漏，还能防止灰尘和水进入损坏轴承和滚锥。

一、骨架油封

骨架油封是最常用的油封。它由模制成型的合成橡胶密封围和金属壳封装组成。密封圈带有密封唇口，工作时密封唇口将润滑油或润滑剂封住。有时在密封圈内设有一个叫作“箍簧”的圆形弹簧会使密封更为有效。唇型密封只能朝一个方向安装，安装时密封唇要朝向所装入的壳的内侧，这样装时，内部压力会使密封唇贴到轴上（有助于密封）而不是使它远离轴。下面是一些实例，如图 6－23 所示。

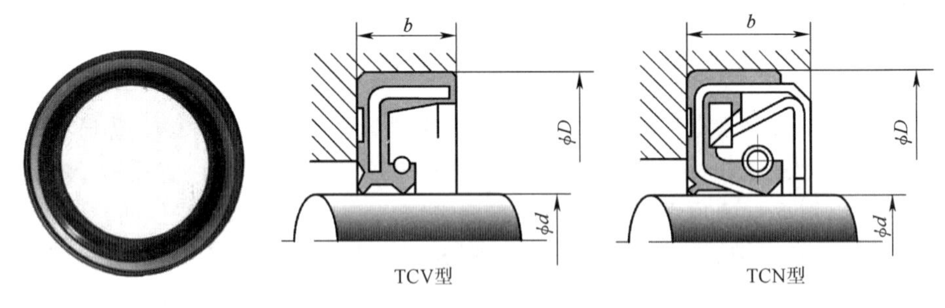

图 6－23　骨架油封的结构

二、O 型环油封

自动变速器主要使用 O 型环密封。O 型环结构简单而且非常有效。O 型环采用合成橡胶制造，嵌在槽里，表面略高于所装轴的实际外径。当轴与其配偶件装合时，O 型环受到轻度

压缩，在两个零件之间形成密封，如图6－24所示。

这种密封的有效性很大程度上取决于所用的橡胶材料的弹性。如果橡胶老化变硬，密封的效果就要下降。

图6－24　O型密封圈

三、密封垫

发动机及其他主要机械部件都是由很多形状和尺寸各异的零件组成，这些零件用螺栓连接在一起构成一个完整的总成。虽然零件在制造时表面都加工得很平整，但在接合处仍需要使用密封垫。密封垫由可以轻度压缩的材料制造，这样可以容纳轻微的不平度，提供防止漏泄的密封作用。密封垫有各种形状和尺寸，所用的材料也有好多种。密封垫的材料选用要适合具体的部件，并取决于密封面的型式、液体或气体压力以及密封垫所要承受的温度。密封垫的制造材料包括：

（1）软木与软木合成材料。这种材料有很高的可压缩性，用于受压的金属零件专用连接材料。

（2）专用衬纸与连接材料，用来密封水、润滑油和燃油纤维和尼龙。这种材料可以承受轻度压缩而不被挤出，主要用于制作防止漏油的塞子垫、螺栓或螺母密封垫。

（3）氯丁橡胶弹性材料。这种材料非常耐水和耐油。

（4）石棉和石棉合成材料，有时采用金属加强，用于受高温的场合，如进排气歧管。

（5）铜或钢与石棉，这种材料一般由两层薄铜片或钢片中间夹一层石棉构成，主要用作气缸垫。

（6）钢心复合材料，钢心两面粘有特殊的复合材料，用于气缸垫和歧管垫。

（7）波纹钢板压成波纹状具有可压缩性的硬质钢片，用于气缸垫。

四、密封剂

密封剂或密封膏有很多不同的级别，用途也是多种多样，从密封部件之间接缝到螺纹密封不一而足。有的螺纹涂复密封剂来防止漏泄，有的则是涂少量不同的密封剂以防止螺栓松动。密封剂的种类如图6－25所示。

图6－25　密封剂的种类

有些级别的密封剂粘接的成分更大一些，用来作轴承、皮带轮和齿轮之类的零件的固定剂。有时密封剂的作用比过盈配合的效果要好得多，实际效率可好20倍之多。

密封剂一般为液态或膏状，在一种叫作“厌氧胶固化反应”的化学机理作用下会自行从里到外固化。涂在零件上的密封剂层只要接触空气就一直保持液态，一旦隔绝空气便开始固化。零件金属表面的催化作用也有助于固化。

固化使液体凝固，不过有的级别的黏结剂在固化后仍有一定的柔性。

用这类特殊密封剂或黏结剂装配的零件，只要装配中使用的是正确的级别，就可以用一般工具（如液压机）拆卸。在现代汽车所用的发动机传感器上使用正确品类与级别的密封剂也是非常必要的，要保证所发生的腐蚀不至于影响到传感器。

多年研究表明，密封表面若存在微观的凹凸不平时，厌氧固化密封剂会更为有效，在连接处有高温和高压尤其如此。

(一)密封剂的类型

密封剂是液化垫圈,当它用在油盘表面等配合面上时可防止泄漏。以下为常见密封剂的类型。

(1)黑色密封填料(三元黏结剂 1280)密封层颜色:黑色。使用范围:机油盘,如图 6 – 26 所示。

(2)密封填料(三元黏结剂 1281)密封层颜色:朱红色。使用范围:自动传动桥壳,如图 6 – 27 所示。

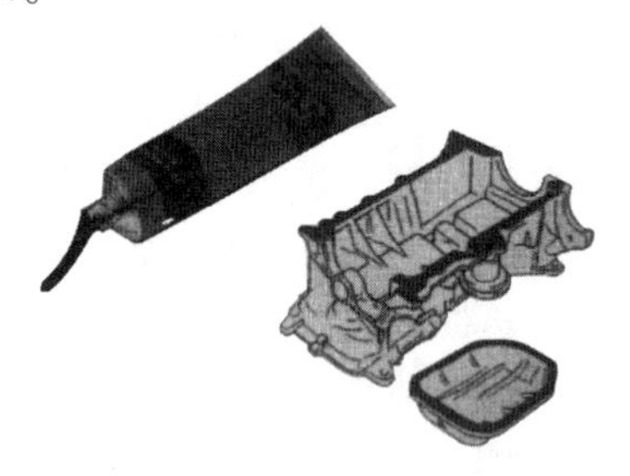

图 6 – 26 三元黏结剂 1280

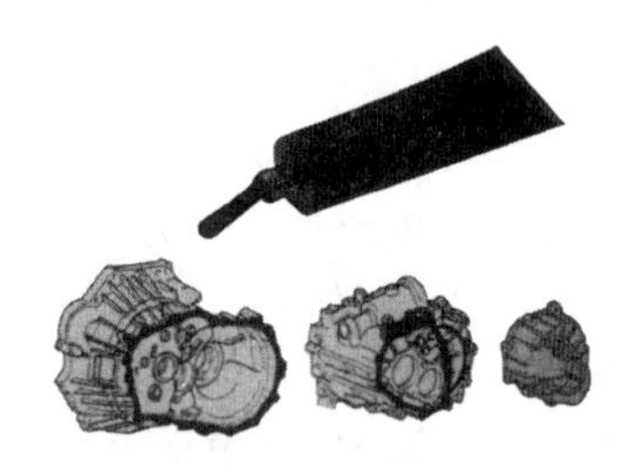

图 6 – 27 三元黏结剂 1281

(3)密封填料(三元黏结剂 1282B)密封层颜色:黑色。使用范围:排水塞,如图 6 – 28 所示。

(4)黏合剂 1131(Loctite No. 518)(三元黏结剂 1131)密封层颜色:白色。使用范围:自动传动桥壳,如图 6 – 29 所示。

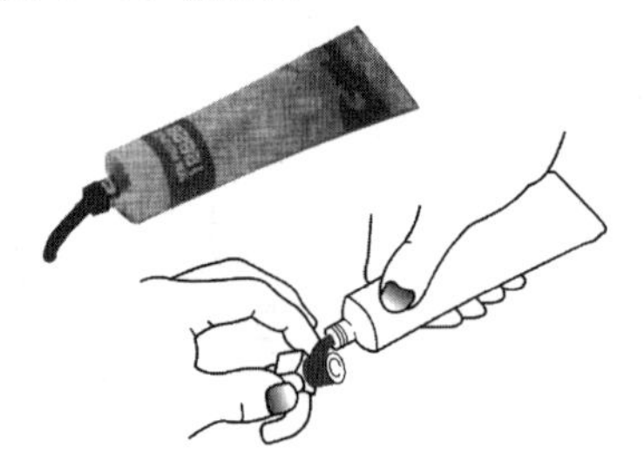

图 6 – 28 三元黏结剂 1282B

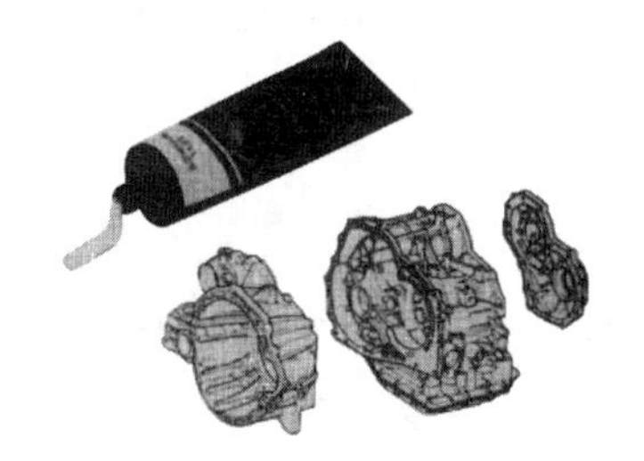

图 6 – 29 黏合剂 1131

(5)黏合剂(三元黏结剂 1324)密封层颜色:红色。使用范围:紧固螺丝,如图 6 – 30 所示。

(6)黏合剂 1344(Loctite No. 242)(三元黏结剂 1344)密封层颜色:绿色。使用范围:密封螺纹,如图 6 – 31 所示。

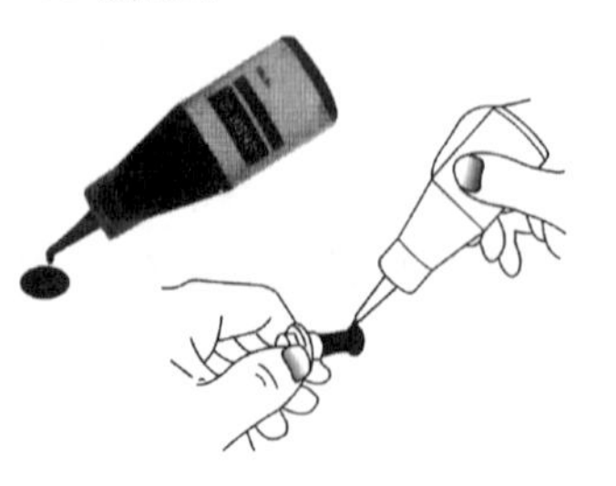

图 6 – 30 三元黏结剂 1324

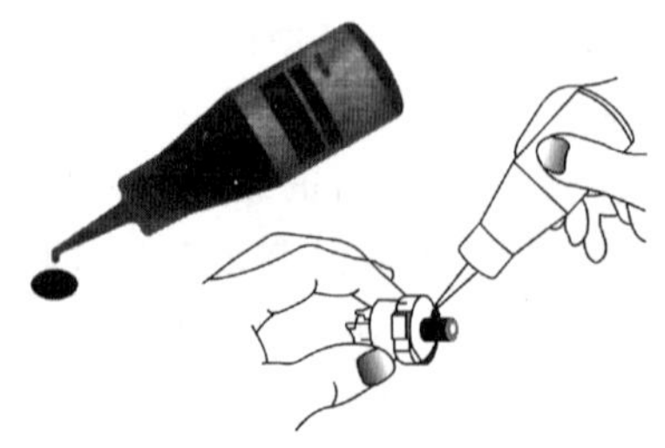

图 6 – 31 黏合剂 1344

第七节　测量工具操作不当的风险

汽车修理要求使用各种工具和测量仪器。这些工具有特殊的使用方法，只有使用得当才能保证工作安全和准确。

一、工具和测量仪器的正确使用

学习每件工具和测量仪器的功能和正确用法非常重要。不正确使用或用于规定之外的用途，均会导致工具或测量仪器损坏，同时也会损坏零件或者导致工作质量降低。

(1)了解使用仪表的正确方法。

每件工具和测量仪器都有规定的操作程序。要确保在工作部件上正确的使用工具，用在工具上的力要恰当，工作姿势也要正确。

(2)正确地选择工具。

根据尺寸，位置和其他条件不同，有不同的工具可用于松开螺栓。要根据零件形状和工作场地选择适合的工具。

(3)保持放置有序。

工具和测量仪器要放在容易拿到的位置，使用后要放回原来的正确位置。

(4)严格坚持工具的维护和管理。

工具要在使用后立即清洗并在需要的位置涂油。如需要修理就要立即进行，只有这样才能延长工具的使用寿命。

二、扭矩扳手

扭矩扳手用于拧紧螺栓或螺母到规定扭矩。这种扳手同套筒(梅花)一起使用。

(一)扭力扳手的类型

(1)板簧式扭矩扳手的节臂是一块钢板弹簧。拧紧螺栓或螺母时，钢板弹簧偏转。通过偏转角度，拧紧扭矩直接显示在扳手手柄旁，如图6－32所示。

(2)杆簧式扭矩扳手的方形截面杆插入到套筒(梅花)中。拧紧螺栓或螺母时，方形截面杆被扭曲，扭曲量放大后通过表针的移动表示拧紧扭矩。

(3)预置式扭矩扳手设计为通过转动手柄端的套筒到指定刻度，能够预先设定扭矩值。这样，通过声音和手感就能够轻松完成拧紧到预先设定的扭矩的工作，如图6－33所示。

图6－32　扭矩扳手

(4)数显式扭矩扳手，直接可显示出扭矩的数值，如图6－34所示。

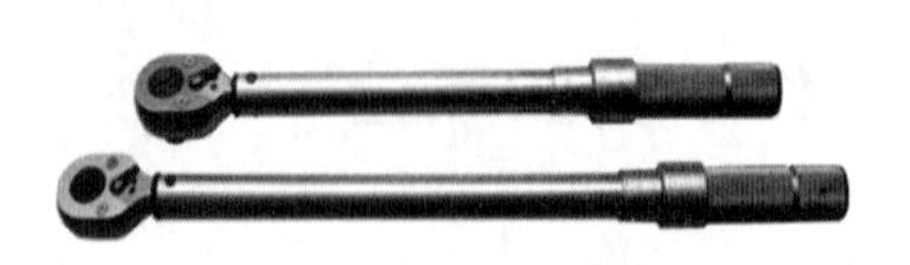

图 6-33 预置式扭矩扳手

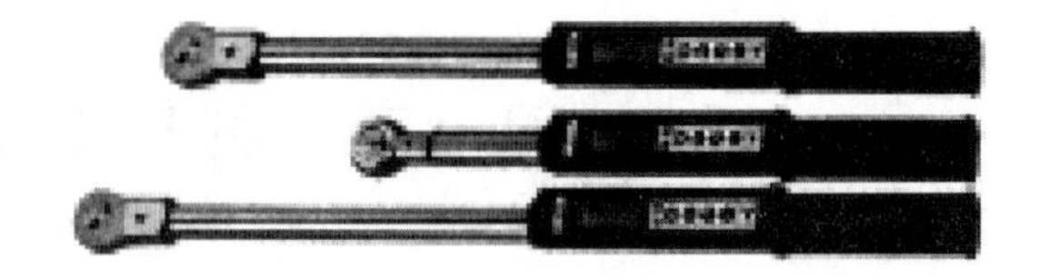

图 6-34 数显式扭矩扳手

(二)使用注意事项

1. 预置型

通过旋转套筒可预设所要求的扭矩。当螺栓拧紧时,会听到咔哧声,表明已达到规定扭矩。

2. 板簧式

(1)标准式:转矩扳手通过弯曲梁板,借助作用到旋转手柄上的力进行操作,此梁由钢板弹簧制成。作用力可通过指针和刻度读出,以便取得规定的扭矩。

(2)小扭矩:最大值约 0.98 N 用于测量预负荷。

重要提示:当拧紧几个螺栓时,需要在每个螺栓上均匀施加扭力,并重复 2 或 3 次,如果专用维修工具与转矩扳手一起使用,则要按照修理手册中的说明计算扭矩。

钢板弹簧型的注意事项:使用到扭矩扳手上刻度的 50% ~70% 量程,以便施加均匀的力;不要用力太大使手柄接触到杆。如果压力不是作用在销上,则不能获得精确的扭矩测量值。

在用扭矩扳手进行最后拧紧前,先用其他扳手拧紧螺栓或螺母。在使用板簧式或杆簧式扭矩扳手前,先检查指针是否指向零点。

应选择与螺栓或螺母配套的套筒。使用扭矩扳手时,用一只手握住套筒接合处,以免套筒和扭矩扳手脱开。

握住扭矩扳手的手柄,往里拉来施加作用力,拉动手柄,与扳手节臂成直角,用扭矩扳手测量扭矩时,需确认枢轴手柄和板簧没有相互接触。如果有接触,就不能正确测量扭矩。

三、外径千分尺

(一)外径千分尺的结构组成

如图 6-35 所示,千分尺装有一个短测砧,并且有多种不同尺寸的测砧以适应不同的用途。

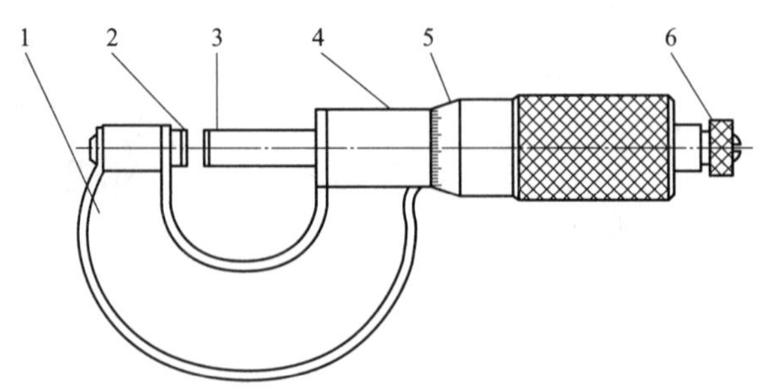

图 6-35 外径千分尺的结构

1—尺架;2—固定测杆;3—活动测杆;4—固定套管;5—刻度套管;6—测力装置

外径千分尺是一种螺旋式量具,包括一个带测砧的尺架和一个支承测轴的螺纹套。转动活动套的滚花部分,可使测轴相对测砧旋进旋出。

用千分尺测量时,被测工件放在测砧和测轴端头之间。所用千分尺的规格取决于被测工件的大小。转动活动套调整测轴,直到测轴与测砧和工件轻轻接触,固定套和活动套上的刻度可读出尺寸。

为了准确起见,一定要保证测砧与测轴和工件轻轻接触,同时千分尺与接触面应成垂直状态。千分尺有许多不同的类型,下面所示的数字式千分尺是其中一个例子。

(二)读取外径千分尺数值

千分尺上有两个给出读数的标尺,一个在固定套上,一个在活动套上。固定套上设有主标尺和基准线,另一个标尺在活动套上。调节千分尺测取读数时,转动活动套从而带动测轴,同时使活动套沿固定套上的主标尺移动。另外,随着活动套转动,其标尺还绕固定套相对基准线转动。取读数时,先读主尺(固定套上),然后加上活动套的读数得出实际值。

公制千分尺固定套上的主尺以 1 毫米(1.00 mm)半毫米(0.5 mm)分度。

基准线上方的标线为 1 毫米刻线,每 5 个刻线给出一个标号(0、5、10 等),基准线下面的是半毫米刻线。

标准公制千分尺的读取方法,如图 6 - 36 所示。

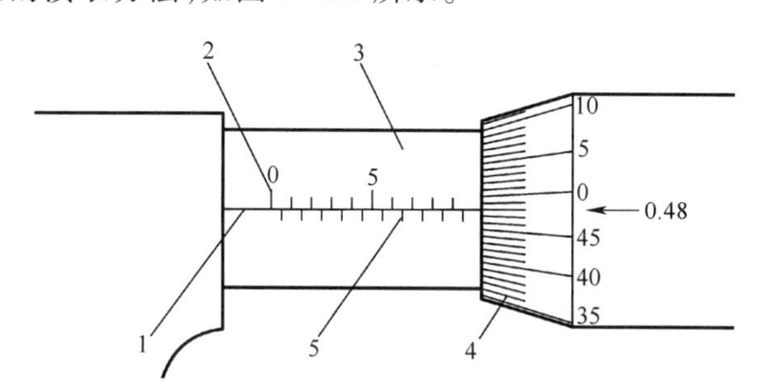

图 6 - 36　千分尺的读取方法

1—基线;2—1 mm 刻线;3—固定套;4—活动套刻线;5—0.5 mm 刻线

活动套上的标尺在套的外缘,分成 50 格,每两个刻线间代表 1 毫米的百分之一(0.01 mm)。故活动套转一整圈为 50 ×0.01 mm,即 0.50 mm(1/2 毫米)。螺杆的螺距为半毫米(0.50 mm),因此活动套转一圈沿主尺走 0.50 mm,即一个半毫米的分格(基线下面的刻线)。

现在我们来读一下上图所示的千分尺。

第 1 步:

由固定套读取可以看得见的主尺基线上方的整毫米刻线数,例如 9.00 mm;

第 2 步:

加上主尺基线下方的半毫米刻线数(完全看见的),例如 0.50 mm;

第 3 步:

记下活动套上与基线重合的刻线,将该值加到前两个读数上,例如 0.48 mm。

现在将三个读数加在一起:

(1)整毫米数 =9.00 mm;

(2)半毫米数 = 0.50 mm;

(3)活动套刻线数 = 0.48 mm;

(4)总和 9.98 mm。

四、游标卡尺

游标卡尺是精密量具,可测量长度,外径,内径和深度。

(一)游标卡尺的类型

如图 6 - 37 所示,游标卡尺作为一种被广泛使用的高精度测量工具,由一个带固定量爪的刻度尺和一个滑动量爪组成。刻度尺为主尺,滑动量爪带有游标尺。读数单位为 0.05 mm,有的为 0.02 mm。

游标卡尺可以用来测取内部和外部尺寸。测内部尺寸时,要使用相应的测内径量爪。

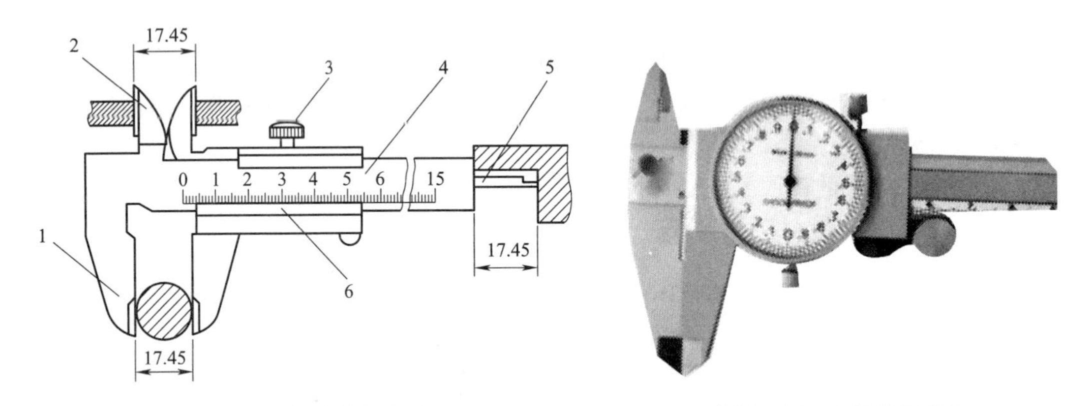

图 6 - 37 标准游标卡尺

①外径测量爪;②内径测量爪;③止动螺钉

④主尺;⑤深度尺;⑥游标尺

图 6 - 38 表盘游标卡尺

汽车修理车间所用的游标卡尺基本有如下三种型式:标准游标尺(见图 6 - 37)、表盘游标尺(见图 6 - 38)和数字式游标尺(见图 6 - 39)。

图 6 - 39 数字游标卡尺

标准式游标卡尺常用规格如下:

量程:0 ~ 150 mm,0 ~ 200 mm,0 ~ 300 mm 等。

(二)读取标尺

如图 6 - 40 所示,游标卡尺的读数方法以刻度值 0.02 mm 的精密游标卡尺为例,读数方法,可分为三步:

第 1 步

根据副尺零线以左的主尺上的最近刻度读出整毫米数,即 17.00 mm;

第 2 步

根据游标尺零线以右与主尺上的刻度对准的刻线数(6)乘以 0.02,读出小数为 6 ×0.02 mm

第 3 步

将上面整数和小数两部分加起来,即为总尺寸。

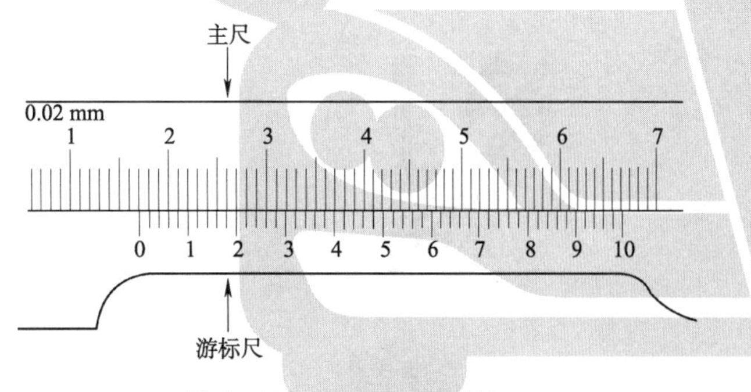

图 6 - 40　游标卡尺的读法

即:各读数按如下加在一起:

(1)主尺刻线 = 17.00 mm

(2)游标尺刻线 = 6X0.02 mm =0.12 mm;

(3)总和 17.12 mm。

五、百分表

百分表是一种带有表盘的量具。百分表的用途很多,可以装在壳体表面检查轴的轴向窜动量(前后运动量),也可以顶在齿轮上检查齿轮间隙。

百分表表盘上标有 0.01 mm 的刻线,还有一个由测头控制的指针,指针可在表盘上转动来显示读数。测量时要将百分表固定好,并让测头能够接触到要检查的工件。

百分表不能直接测量,而是显示与原设定零点的偏差。所测的偏差由测头传给指针,在表盘的一侧显示正偏差,另一侧显示负偏差。百分表如图 6 - 41 所示。

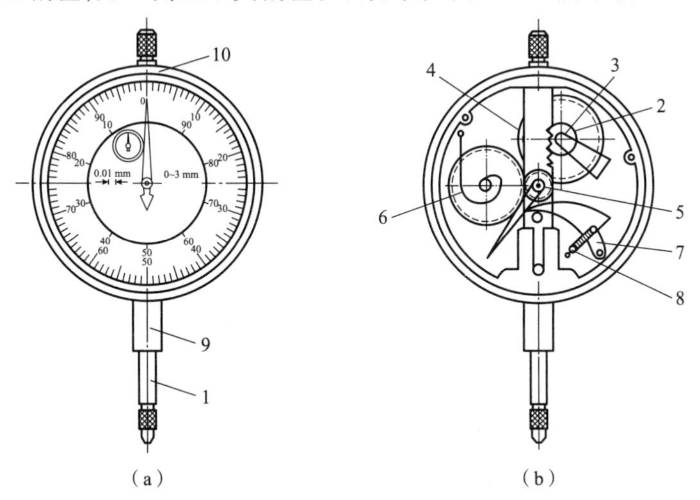

图 6 - 41　百分表

1—测杆;2—主动齿轮;3—主动齿轮固定架;4—小表针齿轮

5—大表针齿轮;6—游丝弹簧;7—测杆回位块;8—弹簧;9—测杆套;10—旋转表盘

百分表通常是架在一个比较重的磁座上,磁座可以使百分表固定在各种角度上来获取稳定读数。固定表头的附件有多种。下面示出两种,如图 6 - 42 所示。

百分表可用于以下部件测量,即测量制动盘端面跳动量,测量飞轮或压盘端面跳动量,检

（a）刚性表架

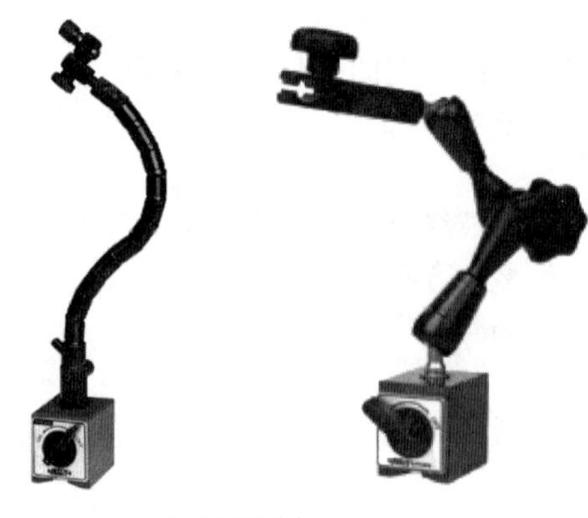

（b）柔性表架

图 6－42　磁力表架

查曲轴在发动机上的轴向窜动量，检查凸轮轴轴向窜动量，检查起动机电枢轴的跳动量，检查发动机进排气门的总升程等。

可见百分表有很多实际用途，可以帮助维修人员进行诊断并确定适当的修理方法。

六、内径量表

如图 6－43 所示，内径量表（孔径规）有多种型式，可用来检查各种孔径。量规可以设定为所要的尺寸或直径，然后与规范值进行比较。有时也可直接测取读数，比如在测量缸径尺寸或连杆孔的尺寸时。有时用来直观显示缸孔的磨损量。下面介绍一些伸缩规在汽车修理中的应用实例。

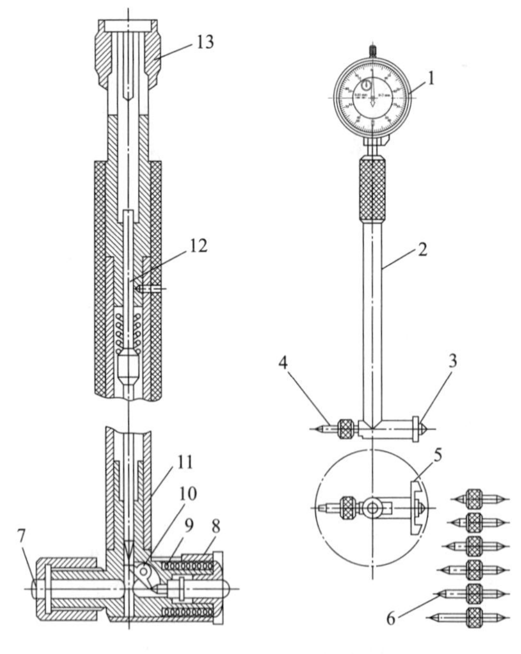

图 6－43　内径量表

1—百分表；2、13—表架；3—测头；4、6—可换量杆 5—定位支架；7—可换测头伸出孔
8—活动量杆固定座；9—弹簧；10—测头摆块 11—顶杆导向套；12—顶杆

七、伸缩规

这种孔径规主要用来测量小于气缸孔的孔径。基本上由一个轴杆加弹性测头组成,转动手柄的滚花轮可将测头锁定。这样就可以将量规设定为孔径然后再用千分尺测量。拧松滚轮时,伸缩规的测头会迅速弹出,故有时称为“快放规”,如图 6 - 44 所示。

还有另一种常用的孔径规是小孔规,有时称为“对开式孔径规”。这种精密量具主要用于检查部件中的小孔间隙,比如进排气门之类的部件。

八、厚薄规

厚薄规通常叫作塞规,用于测量两零件间的间隙。它包括一组精度达到 1/100(0.01)mm 的各种厚度的薄钢片。厚度通常从 0.01 ~ 1.0 mm,每一钢片上标识出钢片的厚度,如图 6 - 45 所示。

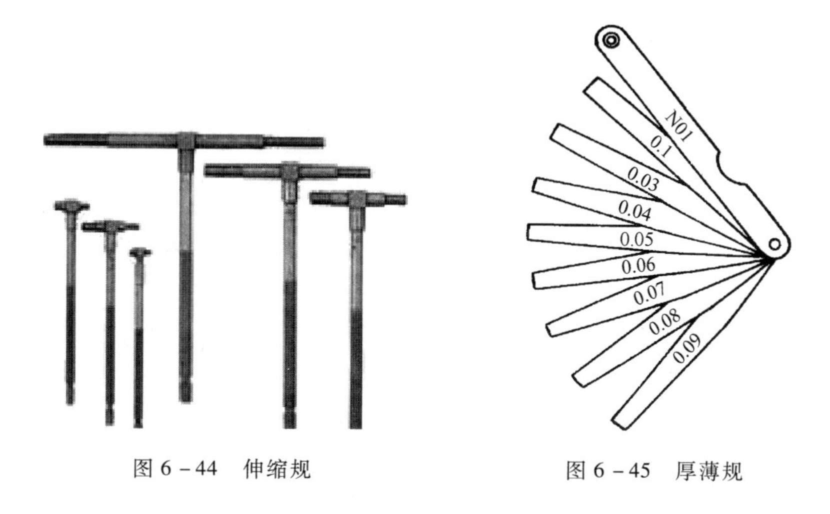

图 6 - 44 伸缩规　　图 6 - 45 厚薄规

测量前擦干净厚度和待测零件。带有机油或灰尘将导致测量误差。

厚薄规的厚度不必按照 0.01 mm 的增量递增。如果一个钢片不足以进行测量,需要时可以组合使用二片或更多的钢片,通过调整组合的方式,选择最少的钢片数,使测量误差最小。

注意在厚薄规插入两零件间的间隙时不要弯曲或损坏钢片的端部。

如何测量:

把厚薄规小心地插入两零件间的间隙。如果厚薄规能够轻易拔出,换一个更厚的厚薄规(或组合多个厚薄规),直到抽拉感到有阻力,厚薄规的厚度即是间隙尺寸。

注意事项:

(1)这些工具是精密仪器,切勿坠落、撞击或敲击仪器,这样可能损坏内部零件。

(2)避免在高温下或高湿度下使用或存放。在高温、高湿度下可能发生测量值误差,因为受到高温影响,工具本身会变形。

(3)工具使用后要清洁,并按原状放置。工具只有在清除油污后才可存放。所有使用的工具必须按其原状归位,任何带有专用箱的仪器必须放回其箱内。测量工具必须放在规定的地方。如果要长时间存放工具,则须在必要的地方涂刷防锈油,并且取下电池。

第八节 通用设备的正确选用

一、常用扳手

(一)呆扳手

使用扳手可拧紧或松开螺栓或螺母。广泛使用的呆扳手有单头、双头和等双头几种,如图 6 – 46 所示。

扳手的开口端一般与手柄成 15°角,这样即使在有限空间也可以变换扳手的方向来轻松的转动螺栓或螺母。扳手的尺寸用夹住螺栓或螺母的对边宽度来表示。

图 6 – 46 呆扳手

重要提示:

要选择与螺栓或螺母相配的扳手,并且能够与螺栓或螺母正确的结合。

使用扳手时应拉动扳手而不是推动,这样更安全。如果推动扳手,可造成向前移动不顺,手也可能碰到其他零件,若扳手从螺栓或螺母中滑落则可能会受伤。进一步说,如果用另一只手握住把手和螺栓或螺母的结合处,则更安全可靠。如果由于一定原因必须向前推扳手,应把手张开推。这样即使工具滑落,也不会造成太大伤害。(这一警告同样适用于类似工具或套筒扳手)

即使扳手同螺母或螺栓可靠结合,也不要突然用很大的力气拧紧或松开螺母或螺栓,应注意扳手的开口有可能松开。

扳手手柄的长度取决于扳手开口的尺寸,这样才能用适于螺栓或螺母尺寸的扭矩进行拧紧。所以,一定不要将两把扳手接合使用,不要在扳手手柄上加套管来加长手柄,也不要用锤敲扳手来代替用手推扳手。(这样使用扳手扭矩会变大,将可能导致螺栓和扳手损坏,甚至导致严重事故。)

当需要用大扭矩时,建议使用梅花扳手或套筒扳手。

(二)梅花扳手

梅花扳手比普通的扳手易于使用,因为它完全包住了螺栓或螺母的顶端部。同时,由于它的手柄比普通的扳手长,可以获得更大的扭矩,如图 6 – 47 所示。

重要提示:

使用梅花扳手不如普通扳手快,但是在开始松开或结束拧紧螺栓或螺母时,用它更方便。

应使用适用于螺栓或螺母尺寸的梅花扳手,这样可以确保梅花端部与螺栓或螺母的头部平行,并拉动拉手。不要锤或敲击扳手手柄,或在螺栓还没有松开时就连接金属管。这些动作可能会导致螺栓或工具损坏。如果用手锤轻轻敲击螺栓或螺母,将有助于松开螺栓或螺母。

油管螺母扳手在头部切去一块,用来拧紧燃油泵的连接管路、制动连接管路以及类似管路的螺母。

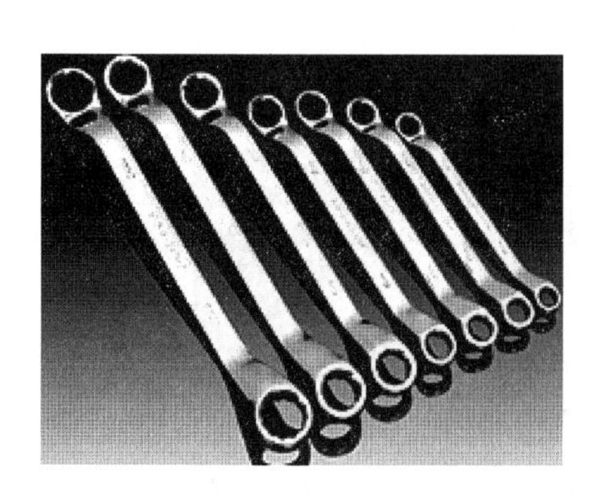

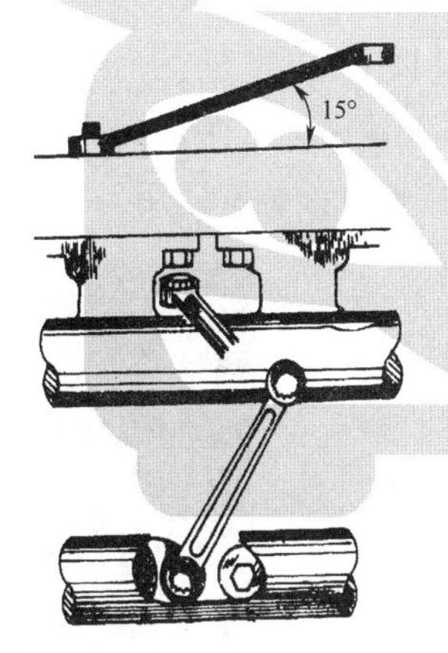

图 6－47　梅花扳手

(三)套筒扳手

套筒扳手由一套尺寸不同的套筒头和一根弓形的快速摇转手柄、万向节头、棘轮手柄、长、短连接杆和套筒手柄等组成,如图 6－48 所示。

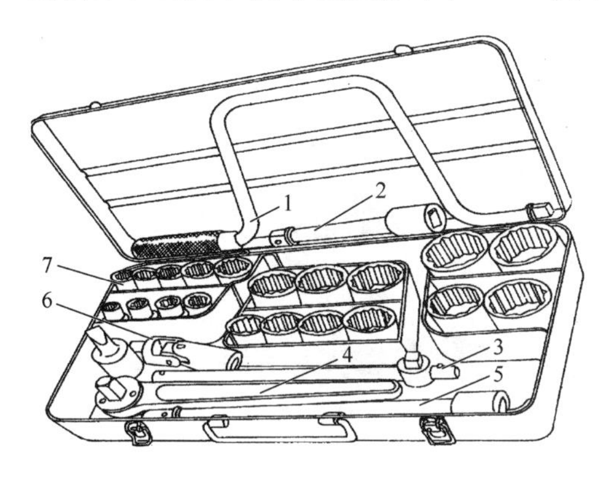

图 6－48　套筒扳手

1—快速手柄;2—短连接杆;3—滑动手柄;
4—棘轮手柄;5—长连接杆;6—万向节头;7—套筒

套筒扳手用于呆扳手或梅花扳手不便于拆装的螺母、螺栓。套筒扳手每套件数不同、用得较多的 20 件或 32 件为一套的。

(四)内六角扳手

如图 6－49 所示,内六角扳手是专门用来拆装内六角螺栓的。

(五)钩子扳手

钩子扳手的形状如图 6－50 所示,它是用来转动圆周上开有槽口的圆螺母的一种扳手。

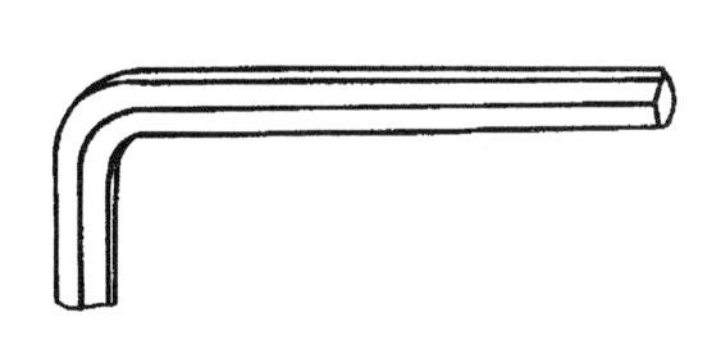

图 6－49　内六角扳手

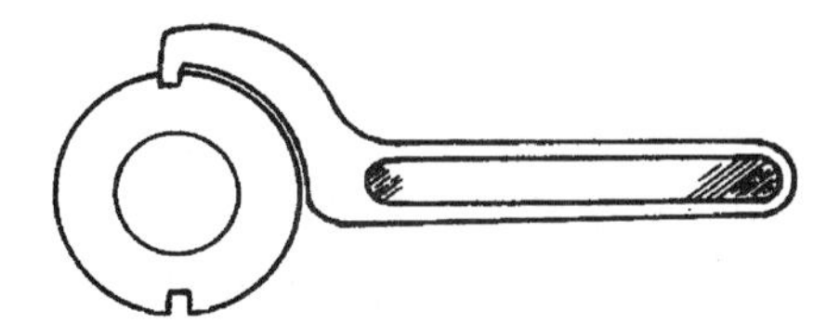

图 6－50　钩子扳手

(六)活口扳手

活口扳手如图 6－51 所示,它可根据螺母、螺栓的规格调节开口宽度,因此凡在开口宽度尺寸内的螺母、螺栓拆装都适用。

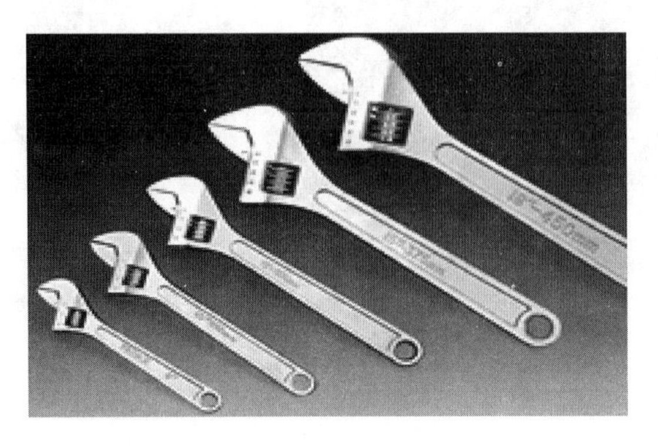

图 6－51　开口活动扳手

二、改锥(螺丝刀)

如图 6－52 所示,改锥用来拧紧或松开螺钉。

改锥有各种形状改锥头,工作时应选择适合螺钉头上槽口的改锥。

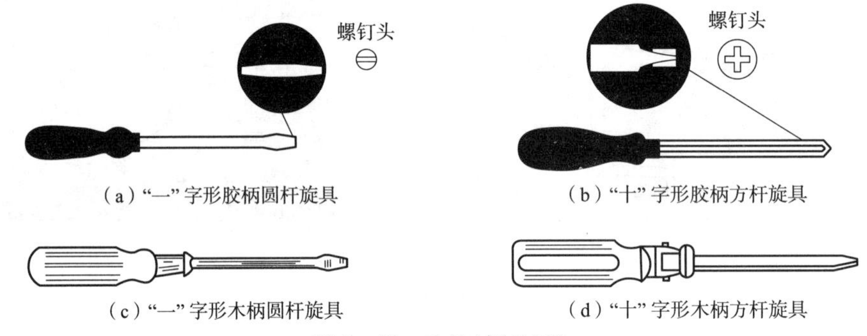

(a)“一”字形胶柄圆杆旋具　(b)“十”字形胶柄方杆旋具

(c)“一”字形木柄圆杆旋具　(d)“十”字形木柄方杆旋具

图 6－52　改锥(螺丝刀)

重要提示:

改锥的改锥头和螺钉槽必须匹配,改锥头必须可靠地同螺丝槽接合。

不要使用小号改锥去松大号螺丝钉。使用尺寸不合适的改锥将有可能损坏螺钉槽或改锥头。

改锥只能用来松开或拧紧螺钉,不能把改锥当杠杆使,或用钳子夹住改锥用力拧,否则将有可能损坏改锥头。即使螺钉很紧不能松开,也不要击打改锥。使用带六角接头的改锥并用扳手旋转它,或使用专门设计的击打改锥,能够更容易的松开螺钉。

三、冲子

冲子是用来冲出钻孔时的起始中心或冲出铆钉、销子等。在汽车维修中,常用作打记号或在制作填料时冲出孔眼,如图 6－53 所示,通常用的冲子有尖头冲、平头冲和空心冲 3 种。

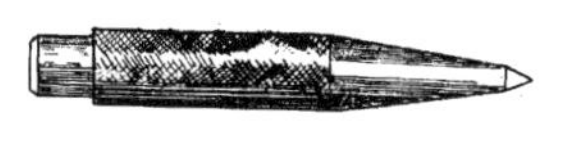
(a)尖头冲

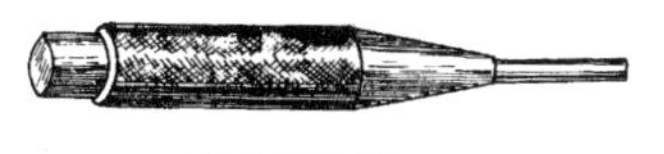
(b)平头冲

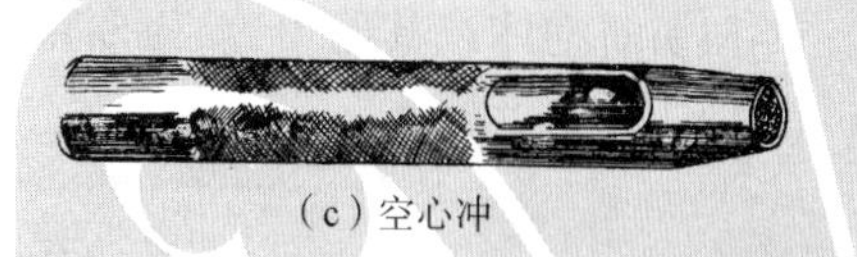
(c)空心冲

图 6－53　常用的冲子类型

四、手锯

手锯用来锯断材料或在工件上据槽。手锯由手柄、弓架、和锯条等部分组成，如图 6－54 所示。

手锯正确操作的方法是一手握锯柄，另一只手握着手锯的前端，用力不能过大。

五、手锤

如图 6－55 所示，锤子是进行凿切、矫正、铆接或装配等工作时的敲击工具，它由锤头和锤柄两部分组成。锤子的规格是根据锤头的重量千克来标定的，球头规格一般有：0.25 kg、0.50 kg、0.75 kg、1.00 kg、1.25 kg、和 1.50 kg 等 6 种。

手锤的正确使用方法是应握在锤柄的 1/3 位置，这样能够即安全又可以施加更大的锤击力度。

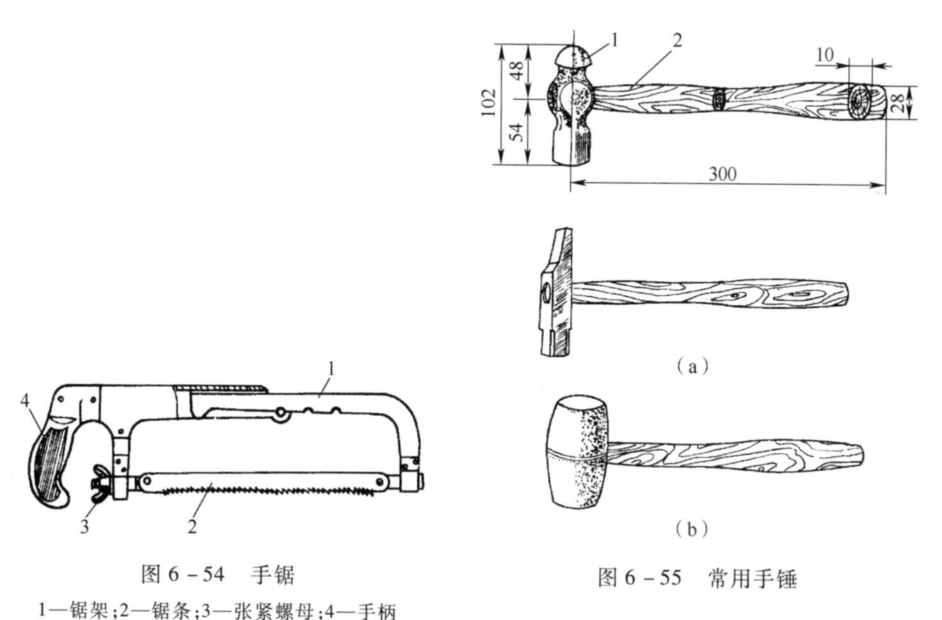

图 6－54　手锯

1—锯架；2—锯条；3—张紧螺母；4—手柄

图 6－55　常用手锤

六、锉刀

如图 6－56 所示，锉刀按齿纹粗细分为粗齿锉刀、中齿锉刀、细齿锉刀和油光锉刀 4 种。齿纹的粗细是以每 10 mm 内锉纹的条数划分的，锉纹在每 10 mm 长度中条数越多，则齿纹越细。

七、钳子

如图 6－57 所示，钳子分两种类型，通用钳子和专用钳子。通用钳子用于夹持、弯曲、扭转和切断物体或其他用途，而专用钳子用于安装及拆卸活塞环或卡环。

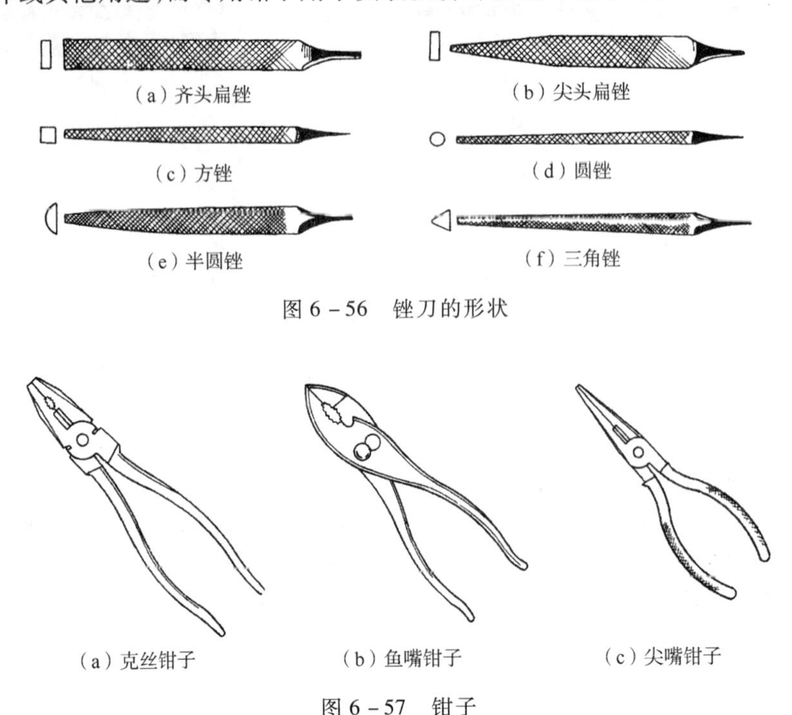

图 6－56　锉刀的形状

图 6－57　钳子

钳子的使用方法及注意事项：

(1)使用前(后)应擦净其油污，以免工作时工件滑脱。

(2)弯断或弯折小的工作物时，应先将其夹牢。

(3)不能用钳子代替扳手松紧螺母、螺栓，以免损坏其棱角和平面。

(4)不能用钳子代替锤子或用钳柄代替撬棒，如图 6－58 所示。此外，也不可用钳子夹持过热的物件，以免损坏或退火。

图 6－58　错误的操作

八、拉拔器

拉拔器(又称拉马)是一种拆卸工具，如图 6－59 所示。它可用来拉出齿轮、皮带轮和轴承等，不仅可迅速拆卸零件，而且不致损坏零件。

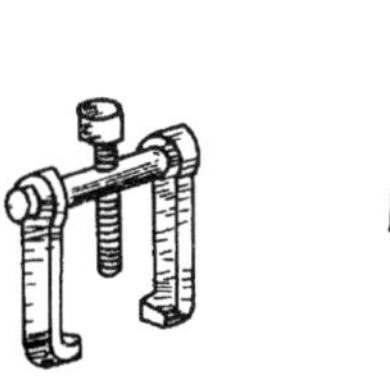
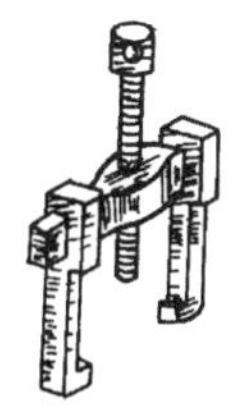
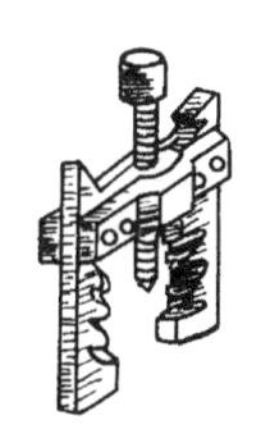
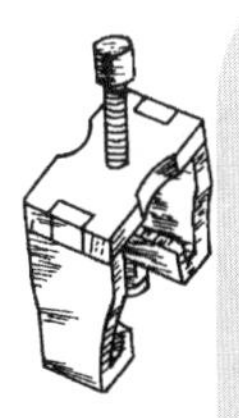

图 6－59　拉拔器

九、气缸套拉具

气缸套拉具如图 6－60 所示。使用时，先将拉具装入气缸中，待装好后慢慢旋紧螺母 1，即可将气缸套拉出。

十、活塞环装卸钳

活塞环装卸钳是用来拆卸或安装活塞环的专用工具，如图 6－61 所示。

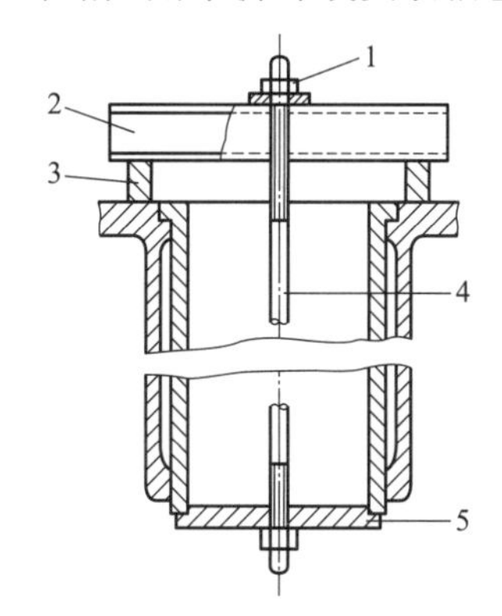

图 6－60　气缸套拉具

1—螺母；2—拉具支板；3—拉具支承套
4—丝杠；5—拉具托板

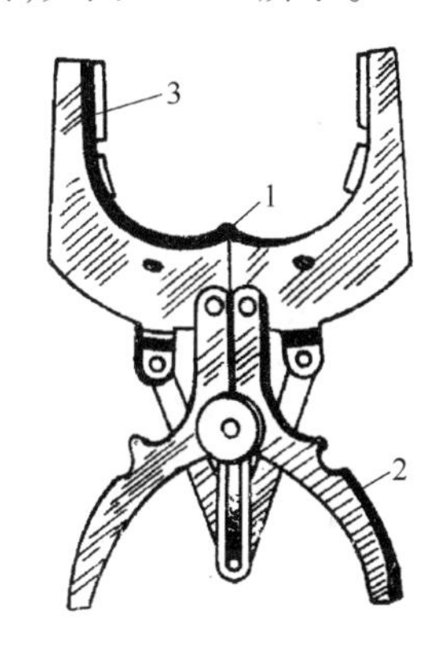

图 6－61　活塞环装卸钳

1—活塞环口支承面；2—手柄；
3—活塞环外张支承面

使用时，应先将活塞环装卸钳的环卡卡入活塞环的端面开口处，并使其与活塞环贴牢，然后轻握手柄，慢慢收缩、将活塞环张开，便可将活塞环从环槽内取出或装入。

十一、气门弹簧拆装钳

气门弹簧拆装钳是用来拆装气门弹簧的专用工具。其构造由固定脚、活动脚和调整手柄等组成，如图 6－62 所示。

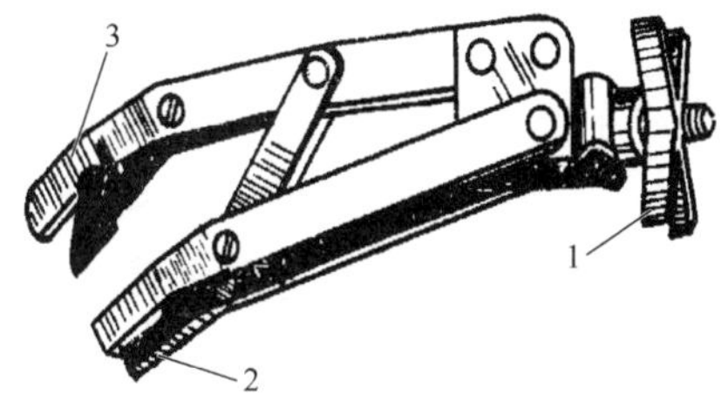

图 6－62　气门弹簧钳

1—旋转手柄；2—固定支点；3—弹簧座卡钳

思 考 题

1. 员工的责任有哪些?
2. 头部防护装置有哪些?
3. 眼睛防护装置有哪些?
4. 耳朵防护装置有哪些?
5. 手的防护装置有哪些?
6. 脚的防护装置有哪些?
7. 呼吸道防护装置有哪些?
8. 含有化工材料的操作应注意哪些?
9. 危险工序可能的风险如何防护?
10. 紧固件选择不当的风险有哪些?

第七章 汽车安全驾驶

学习目标

1. 了解驾驶员应具备的基本条件和能力，不同路段行驶的规范操作；不良天气行驶的规范操作；外部条件影响行驶的规范操作。
2. 掌握易于忽略因素对行驶的影响。
3. 了解违章驾驶的风险隐患；导致交通事故的主要原因；倡导的安全驾驶行为。
4. 倡导非机动车辆和行人出行的安全规范。
5. 常用道路交通标志和标线的识别与正确运用。

第一节　驾驶员应具备的基本条件和能力

一、驾驶车辆基本条件

（一）驾驶人必须要复合的基本要求

（1）要求驾驶人在驾驶过程中始终处于健康状态。
（2）要求驾驶人在驾驶前期未曾服用违规药物。
（3）要求驾驶人精神上始终处于放松状态。
（4）要求驾驶人在驾驶期未曾饮用过酒精。
（5）禁止驾驶人疲劳驾驶。
（6）要求驾驶人始终保持精力充沛。

严格来讲，这是作为一名汽车驾驶员应该具备的基本条件，只有在每次驾车前做到上述之规定，驾车危险性才能大大降低。

（二）提高安全行车能力

面对人、车、路、环境构成的复杂的道路交通状况，其因素的不确定性和变化性，决定了交通事故的发生具有随机性和偶然性。因此要求驾驶员有机敏、冷静的头脑和熟练的驾驶技能，从而确保安全行车。驾驶员在驾驶车辆中，遇到紧急情况时应迅速决断，快速采取措施。同时要求驾驶员还应具备化险为夷或尽量减少损失的技术素质和化复杂情况为简单情况的能力。

（三）增强自控能力

复杂的社会现象和各种各样的矛盾都会影响驾驶人员。在这种情况下，要求驾驶员必须有较强的自我克制和解脱能力，保持良好的心态，专心致志的驾驶好车辆。所谓自控能力，就是在意志的作用下，约束和控制自己的言行的能力。在行车中，驾驶员不能有丝毫的马虎和任何失误，精神必须高度集中。如果自控能力差，不能保持良好的心态，带着个人情绪驾车，就有可能导致交通事故发生，造成无法弥补的损失。

第二节　不同路段行驶的规范操作

一、会车时应做到

会车前，应看清来车动态及路面情况，适当降低车速，选择较宽阔、坚实的路段会车。做到“礼让三先”即先让、先慢、先停。会车时，要与来车保持较宽的横向距离。在复杂的道路交通情况下会车，应把脚放在制动器踏板上，做好随时停车的准备。在没有交通标线的道路或狭窄路段上会车，必须减速并靠右侧行驶。会车困难时，有让路条件的一方应让对方先行。夜间在照明不良的道路上会车，须距对面来车 150 米以外关闭远光灯，改用近光灯。在会车中，为了看清行驶路线，可短暂开启远光灯，但应与对面来车错开的时间开灯。当车头交会后，即可重新开启远光灯。

夜间行车，只要看灯光的使用就能判断司机的文明交通程度。在城市道路，一般都有路灯，夜间行车时配合汽车近光灯已经能够让驾驶员看清前方以及旁边的路况，但有的驾驶员却为了让自己观察得更“清楚”，一直开着远光灯行驶。远光灯会导致其他驾驶员很难受，从而带来安全隐患。因此，在有路灯照明或会车时，千万不要用远光灯。

二、超车时应做到

超车要选择道路宽直、视线良好的道路。超车时的车速，不得违反交通法规规定的时速限制。连续超车（俗称串车），由于车多线长，会造成超越的时间和距离都长，在这样的情况下，不宜超越。如能保证安全，在具备良好的超车条件下，方可加速连续超越。超越停驶车辆时，应减速鸣喇叭，注意观察，防止停使车辆突然开启车门有人下车或其他行人和非机动车从停驶车辆前窜出。在夜间、雨天、雾天视线不良时，依据交通法规规定，在泥泞冰雪道路上严禁超车。

三、倒车时应做到

倒车时，驾驶员应事先下车观察周围情况，确认安全后，选择好地形、路线。并通过驾驶室后窗观察情况倒行。小型客货车在倒车时,驾驶员可将侧窗玻璃放下或手扶半开的车门窗,从侧窗观察后方道路情况,确认安全后,方可倒行。倒车中在照看后面的同时,要不间断地以翼子板或示廓标杆为标志,观察车前部的行驶情况。

四、转弯时应做到

汽车驶近转弯处,要提前降低车速再转弯。转弯时驾驶员必须估计本车的内轮差,否则会使后外侧轮越出路外,造成车身剐蹭行人或障碍物等。汽车在右转弯时,遇到右前方有直行的非机动车,不能强行截头转弯,应减速让非机动车先行。

五、掉头时应做到

汽车掉头时,在保证安全的前提下,尽量选择广场、立交桥、路口或平坦、宽阔、土质坚实的地段进行。应尽量避免在坡道、狭窄路段或交通拥挤之处进行掉头。不能选择桥梁、隧道、涵洞、城门或铁路交叉道口进行掉头。

六、停车时应做到

应选择道路宽阔、不影响交通的地方靠道路右侧停放。在坡道上停车时,车停好后应挂上低速挡或倒挡,拉紧手制动,垫上三角木。在冰雪路上停车,应提前减速,尽量运用发动机的牵制制动作用或灵活地运用手制动。

七、在宽敞直路上行驶时应做到

由于路宽笔直,景观单调,操作简单,思想容易产生麻痹和疲劳感,事故易于发生。所以驾驶员在宽敞直路上行车,不能放松警惕,不能盲目开快车。

在道路上,经常能遇见大货车或重卡,第一时间应选择离远,而不是和它们比速度。它们速度快、吨位大,而且超长超宽,如果没有足够的把握超过它们,千万不要强行超车,否则吃亏的是自己,大货车具有更强的杀伤力。交警推荐的方法是,加大跟车距离或者切换到旁边的车道上。

八、在坡路上行驶时应做到

上坡前,应认真检查车辆装载是否匀称合理,认真检查车辆状况,特别是制动性能,必要时应试试制动效应。上坡时要尽量使用低速挡一次通过,避免中途换挡。下坡时应认真检查手脚制动器,严禁熄火滑行和空挡滑行。如制动器失效,应充分利用发动机的阻力作用控制车速,果断地利用天然障碍物,给车辆造成阻力以消耗汽车的惯性,使车辆尽可能地停在天然空旷处脱险。

九、在弯路行驶时应做到

机动车运行速度较高时,运行中有较大的惯性力和离心力。车速越高,方向打得越急,汽车离心力越大,在这种情况下,容易造成汽车侧滑。如汽车重心较高,路面附着条件较差,则可能造成汽车侧翻事故。应提前减速,在转弯前,应对障碍物、险情提早发现,并根据情况作相应的处理。

十、在交叉路口时应做到

交叉路口车辆行人密度较大。容易引发交通事故，驾驶员此时应高度重视。在有交通信号控制的路口，可按交通信号的规定通行。在通过无信号控制的路口时，应在进入路口之前的一段距离内，看清行人和车辆的动向，以便安全顺利地驶过路口。

在一些人流量比较大的商业街，十字路口处等，红绿灯往往“不起作用”，这里指的是对行人来说，他们随意性比较大，十几个人结伴就可以无视红灯，随时窜入马路，根本不会看两边的车辆，虽然是行人违章在先，但也必须要保护他们的人身安全，因此遇到他们，要减速、停车，让行人优先通过。

十一、在繁华地区行驶时应做到

繁华地区行人拥挤，车辆繁多，交通情况复杂多变，给安全行车带来一定的威胁，所以必须注意力集中，谨慎驾驶，严密注意行人和车辆动态，正确判断交通情况变化。此时应依次序行驶，严禁超车。

第三节　不良天气行驶的规范操作

一、在雨天行驶时应做到

雨天出车前要认真检查制动器、雨刷器、灯光、喇叭、转向等机件，确认良好方可出车。行车时，车速要酌情放慢，前后车距要适当拉大，一般不要超车。遇到情况，要及早采取措施，不要紧急转向和紧急制动，以防车辆横滑侧翻。车辆通过积水路段，通过前应探明水情，水深不能超过排气管。通过时车速要缓慢，中途不能熄火停车。

很多时候，车主驾车都会遇到水坑、洼地等容易积水的路面，很多人的做法是加速通过，其实这样做是错误的，因为这样容易导致发动机进水，促使车辆抛锚熄火。交警推荐的方法是，停车查看水深程度，降低车速缓慢通过。

二、在刮风天气行驶时应做到

刮风对机动车行驶影响不大，但对非机动车和行人则影响较大。大风天气会影响行人视线，易造成事故。在这种情况下，驾驶员应减速慢行，随时做好避让或停车准备。

三、在雾天行驶时应做到

雾天能见度低，视线模糊，驾驶员难以看清道路情况，行车危险性大，除打开防雾灯和尾灯外，还应以很慢的速度行驶。如浓雾过大，应该停车，待雾散后再继续行驶。

四、在冰雪天气行驶时应做到

冰雪天由于路面滑，附着力小，汽车后轮容易打滑空转。开车时应做到缓慢起步，慢行，匀速行驶。在转向、使用制动方面都应忌急，尽量少用制动，更要避免紧急制动。冰雪道路，制动距离长，约是普通沥青路面的三倍。因此行驶中，与前车要保持足够长的距离，做到危险情况早发现，提前做好停车准备，严禁空挡滑行。冰雪道路还因雪光反射，易使驾驶人视觉疲劳，甚至会产生短时的目眩现象，此时，必须减速停车，待视力恢复后再继续行驶。

五、在夜间行车时应做到

夜间行车，要做到灯光齐全、有效，符合规定。根据可见度控制车速，尽量不超车；必须超车时，应事先连续变换远近车灯光，必要时用喇叭配合，在确定前车让路允许超越后，再进行超车。另外，骑车人和行人在灯光照射下，易发生目眩，造成看不清路面的情况，所以还必须注意骑车人和行人的安全。

第四节 外部条件影响行驶的规范操作

一、遇到迎面驶来车辆的规范操作

此时首先不要惊慌，保持镇定和冷静。在确保右边的车道没有车辆后，把车开进右车道。具体的方法是踩制动踏板减速，降至低速挡从而降低车速。鸣笛及闪灯向对面驾驶人示意，做好开离车道的心理准备。任何一种闪避方法都胜于两车迎面相撞。

二、如何提高对盲点的警觉

在车辆的左右两边都有外后视镜照不到的地方，在改换车道之前，应先转头看看旁边车道的交通情况。不要在另一车道驾驶人的盲点范围内驾驶或改换车辆的位置，变道时应确保旁边司机可从后视镜看到你。

三、紧急情况下该如何制动

紧急情况不可猛踩制动踏板，因为这将导致车子发生侧滑(尤其没有安装 ABS 防抱死制动系统的车)。对于没有安装防抱死系统的车辆，连续快速地踩踏制动板，能让车子安全地停下。如果车辆正以高速行驶，应该立刻踩踏制动踏板，并尽快退至低挡。

四、遇到意外危险事件时的规范操作

由于无人可预测何时发生意外事件，所以驾驶时必须提高警惕，保持冷静。在车子的四周要留有一定的安全驾驶活动空间，当遇到紧急事件发生时，驾驶员才有足够的时间和空间做出反应。当车速为 10 km/h 时，与前面的车辆应保持一个车身的距离。当车子时速每增加 10 km，车与车之间的距离也应随之增加一个车身的距离。另外，应确保车辆长期保持最佳状态，因为车子的电器部分或配备机件失灵，也可造成意外。

五、迎面驶来的车辆前大灯令自己目眩时的规范操作

可以略向右看，以避开刺眼的灯光。或者可以公路边缘作为行车的标准。若灯光实在太强，在必要时，可逐渐减速，再将车子停于一旁。

六、处理动物冲至马路中央的办法

首先应鸣喇叭，同时应从后视镜看后面的道路交通情况，确保在避开动物的同时不会造成任何危险。

七、车子突然滑移的规范操作

若是因加速过度造成的滑移，就应停止踩踏加速踏板；若是突然刹车所致的滑移，就应停止踩踏制动踏板，也可顺滑移的方向继续行驶，直到完全可以控制车辆的时候才可制动。

八、遇有前方车辆掉落物件时的规范操作

若后车与掉落物件车辆保持有一定的安全距离时，后车应放慢车速，并从后视镜看后面的道路交通情况，在确保安全的情况下改道行驶。还应用车灯示意，变道时不能影响其他车辆的正常行驶。如果事情发生得太突然，则应立刻停车，千万不可突然超车。如果风窗玻璃被物体击碎，应立即减速停车，联络维修。

九、注意提防那些心不在焉或精神恍惚的司机

驾车最重要的是须对四周环境提高警觉性，注意提防因其他事情而分神或不专心驾驶的司机。提防使用移动电话或与别人交谈、被车上的其他乘客分散注意力，以及驾驶时表现不稳定的司机。

第五节　易被忽略的因素对行驶的影响

一、紧急救护办法

紧急救护时，应快速地为伤者进行检查。如果伤者仍有知觉，则检查他是否神志清醒。如果神志不清，检查最重要的三件事，即呼吸、失血和骨折。如果受伤者停止呼吸，应马上对其进行口对口的人工呼吸。如果受伤者已休克则以心肺复苏法进行施救，抬高双脚超过头部，借以帮助血液循环；用大衣或被子包裹伤者来保持体温。如果怀疑伤者的颈部或脊椎受伤，则千万不能将其移动。如果伤者身体某部位出血，应以最快的速度为其止血。

二、避免交通意外发生的办法

当紧跟在其他车辆后面时，应该时常保持清醒，提高警惕，驾驶时千万不能分神。应预先以信号灯的形式清楚并有效地与其他司机沟通，以便告知对方驾驶者的驾驶意图。采取预防性驾驶方法，预测其他道路使用者的驾驶意图，并在车子四周保留一椭圆形的空间。开车时集中注意力，不要关注与驾驶本身无关的事。

三、节油的驾驶方法

加速时要均匀、缓慢、轻柔。制动时，应提前把脚从加速踏板上移开，然后利用车身的惯

性滑行。如果车是自动变速器,应尽量缩短换挡时间,轻踩加速踏板让变速器很快提到高速挡。稳速行驶时,尽量避免不必要地使用油门,为了保证车速稳定,驾驶人对油门踏板施压力时要均衡。一旦达到稳速行驶,放在油门踏板上的脚就要完全放松,保持稳定的供油状态,如果打算停车 1 min 以上,最好熄火。因为启动发动机比空转 1 min 的耗油要少。

造成费油的几种因素(故障):

(1)发动机的怠速过高;

(2)轮胎气压不足;

(3)车轮前束不符。

常见的这几种因素(故障)都会造成燃油的浪费,应该引起驾驶人重视。

四、了解行车信息

对行车信息的了解是指驾驶人除了持有有效驾驶执照、拥有车况良好的汽车外,还应了解最新的汽车和道路安全新闻。通过了解行车信息可以应付可能发生的紧急情况。每一位合格的司机在上路之前都应做好充分的驾驶准备,比如天气、路况等信息,这样就不必在陌生甚至是危险的路段停车。

五、驾车时系安全带的作用

研究表明,使用安全带的乘客和司机在交通事故中生存的机会要大得多,而且被抛离座位或撞出风窗玻璃而受重伤的机会也很小。因此,驾车时应系好安全带,如果不系安全带事故造成的损伤要比系安全带时大得多。

六、避免酒后驾车

据统计,事故总数的 50% 以上都涉及饮酒。为了确保人身安全,应意识到即使一杯酒也可能影响到一个人的警觉,千万不能酒后驾驶。如果开车人确实饮了酒,则应安排其他人开车送其回家。

七、开车不要闯黄灯

如今黄灯给人一种错误的理解——还能过去,该加速了。黄灯亮起时,由于等待通行方向的行人、车辆已“蠢蠢欲动”,很多车辆和行人已经算好时间准备提前启动,迈出脚步,因此结果很可能是两方都“加速”而撞在一起。正确的做法是,不管黄灯时间有多长,遇到黄灯,都应当减速停车。

第六节　违章驾驶的风险隐患

一、驾驶人应严格遵守交通法规

汽车的飞速发展,给人类带来了文明,同时也带来了灾难。

自从世界上第一辆机动车问世后,全球死于交通事故的人数已达 3 000 多万。20 世纪全世界因交通事故共死亡 2 585 万人，超过了第一次世界大战的死亡人数。平均每百辆车至少夺走了 1.2 个人的生命。目前全世界每年死于交通事故的人数约 60 万人，受伤人数达 1 000 多万。道路交通事故，被人们称为一场没有硝烟的柏油路上的战争，一场永不休止的战争，如图 7－1 所示。

图 7－1　交通事故案例

二、我国道路交通安全形势

目前，我国道路交通流量增长较快，由于一些交通参与者安全意识、法治意识不强，使得道路上的交通违法现象较为普遍。我国每年交通事故造成了相当数量的人员伤亡和财产损失，道路交通安全形势比较严峻。

在发生的交通事故中，机动车驾驶人违法行为导致的交通肇事占事故总数的 90.4%，造成死亡的人数占事故总数的 90.3%，如图 7－2 和图 7－3 所示。

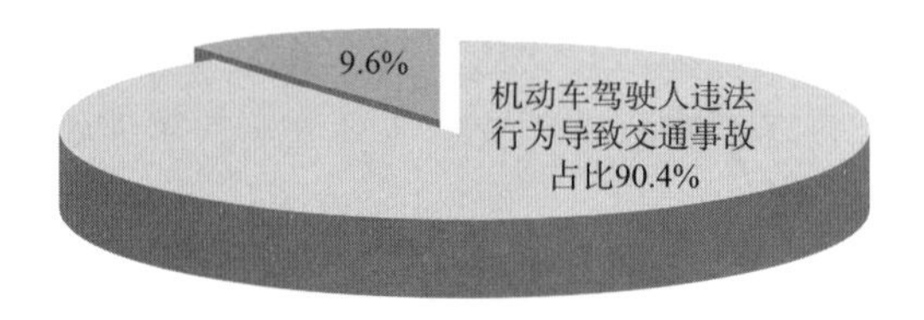

图 7－2　交通事故成因构成

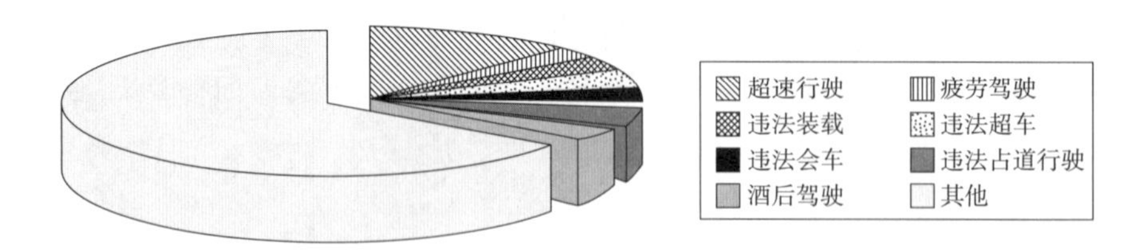

图 7－3　人员伤亡成因构成

其中，因超速行驶（14.06%）、违法占道行驶（4.76%）、违法会车（4.40%）、酒后驾驶（4.21%）、疲劳驾驶（2.16%）、违法超车（3.36%）、违法装载（2.78%）等违法行为造成死亡的，占死亡总数的 36% 以上。

三、我国交通事故的主要原因

发生交通事故的主要原因是驾驶员的不安全行为。而驾驶员的不安全行为主要来源于违法行车和无德驾驶。

具体表现在:不守法行车、安全意识淡薄、责任心差和无职业道德。

(一)常见的驾驶人违法行为

(1)超速行驶;

(2)驾车不系安全带;

(3)驾车接听或拨打手持电话,如图7-4所示;

图7-4 违法使用手提电话

(4)变道或起步不开转向灯;

(5)违法停车;

(6)人行横道线前不让行;

(7)饮酒后驾驶机动车;

(8)违法超载超限,如图7-5所示;

图7-5 违法超载超限

(9)疲劳驾驶机动车;

(10)低速在高速车道行驶。

(二)常见的驾驶陋习

(1)驾车频繁变更车道而引发事故,如图 7-6 所示;

图 7-6 违法变更车道

(2)长时间骑轧在虚线行驶;

(3)超车后迅速向右转向而引发追尾事故,如图 7-7 所示;

图 7-7 违章超车

(4)一边驾车,一边吸烟;

(5)会车时开前照灯抢行;

(6)在车辆拥挤的路段加塞;

(7)随意或长时间鸣喇叭;

(8)穿拖鞋或高跟鞋驾驶车辆;

(9)驾车时向窗外吐痰或弃物;

(10)夜间会车不关闭远光灯。

(三)常见的驾驶违法行为

1. 超速行驶

超速行驶是导致交通事故的主要原因之一,已成为道路交通事故的"罪魁祸首",是道路交通安全的"第一杀手"。

《中华人民共和国道路交通安全法》第四十二条规定：机动车上道路行驶，不得超过限速标志标明的最高时速。在没有限速标志的路段，应当保持安全车速。

从安全驾驶行为的角度看，车辆行驶中超过法律限定的最高车速或限速标志限定的速度行驶，以及法律规定应该减速而未减速行驶的，都属于违法超速，如图 7－8 所示。

图 7－8　违法超速

(1)超速的具体表现：

①超过道路限定的最高车速或标志限定的速度行驶；

②在人行横道线前与行人抢行；

③转弯前不减速，通过交叉路口不减速；

④行车中跟车距离近、抢行、加塞，高速公路行车不遵守限速规定；

⑤夜间行驶或在容易发生危险的路段以及遇有沙尘、冰雹、雨雾、结冰等气象条件时不降低行驶速度等。

(2)违法超速对驾驶员的影响

违法超速行车时，驾驶员心理长时间处于紧张和恐慌的状态，极易产生疲劳，从而出现操作失误。一旦遇到险情或紧急情况，往往因反应不及时，而酿成交通事故。驾驶人驾驶车辆时超速行驶越多，安全系数越小，可能出现的险情也就越多，发生事故的后果也越严重。超速行驶，极易发生碰撞、倾翻等重特大交通事故，如图 7－9 所示。

图 7－9　违法超速事故案例

(3)超速典型案例

如图 7－10 所示，2006 年 8 月 9 日 13 时 27 分，云南省巧家县驾驶人刘某驾驶某交通运输集团公司所属的大型普通客车，乘载35名，中专学生（核载35人）由巧家县驶往昭通市，途径巧家县境内鲁铅线35 km＋550 m一连续下坡急弯处，因车速过快而发生转弯不及，冲出路面后坠入100米深崖下的牛栏江中，致24人死亡、11人受伤。

（4）超速行驶是最大的事故隐患

①高速行驶时注视点前移，视野变窄，清晰度不良，对道路交通情况辨认不准确。

②在复杂路段、匝道、岔口超速行驶时，驾驶人无法及时观察各种动态，不能获取足够的道路信息，难以对路面情况做出准确判断。

③高速行驶时，不能正确判断所驾机动车和其他机动车、行人和非机动车的速度。

④高速超车、会车，驾驶人不能正确把握距离和相对运动的关系，易发生追尾或剐碰事故。

图7－10　案例地点

⑤超速行驶造成超车、会车的机会增多，路面情况变化频繁，行驶间距缩短，驾驶人心理和体力消耗增加，易产生疲劳。

⑥超速行驶时，驾驶人对情况的处理时间缩短，接近或者超过生理反应时间极限，容易造成事故。

（5）常见的超速行为

①人行横道线前与行人抢行。人行横道线是为行人横过道路而设置的安全通道，车辆行至人行横道前应减速行驶，及时给通过的行人让行。

车辆行至人行横道线前加速行驶，不让行，甚至与行人抢行，往往会发生与行人的碰撞事故，而最容易受到伤害的是行人，如图7－11所示。

图7－11　车辆超速与行人抢行

②转弯时，应在转弯前及时减速，缓慢转向。通过弯道尤其是较急的弯道前不减速或转向过急，容易造成翻车事故。

③如图7－12所示，由于跟车距离太近而发生了追尾事故。随前车行驶时，应当与前车保持足以采取紧急制动措施的安全距离。如果跟车距离太近，就意味着与前车速度不适应，在超速行驶，当前车制动过急或紧急制动时，必然会发生车辆追尾事故。

④行进中抢行、加塞。驾驶车辆在遇到前方车辆行进缓慢或者道路、路口因故堵塞时，应减速或停车，依次缓慢行驶或耐心排队等待。连续鸣喇叭催促、抢行、加塞、穿插绕行或选择

空当逐车超越等做法都是不正确的，只会使道路拥堵或路口堵塞加剧，甚至发生剐碰事故，如图 7－13 所示。

图 7－12 未按车距规定行驶

图 7－13 拥挤路段抢行

⑤交叉路口抢行。驾驶车辆通过交叉路口时，不提前减速或加速抢在绿灯信号临近结束前通过，甚至与通过路口的车辆、行人抢行，如图 7－14 所示，往往会发生剐碰或严重的碰撞事故。

图 7－14 交叉路口抢行

⑥市区道路盲目加速。驾驶车辆行至学校、广场、商场、集贸市场等场所不减速，盲目加速行驶，由于驾驶人不能及时观察行人和车辆的动态，无法对交通情况的变化做出正确判断。

当遇视线盲区内的行人和自行车突然横穿道路,或者从公共汽车、电车间突然有行人跑出时,都无法将车辆及时停住或避让,从而引发交通事故,如图 7－15 所示。

图 7－15　盲目加速引发事故

⑦高速公路超过限定速度行驶。在高速公路上超过规定的最高车速行驶,或在有限速标志的路段,以超过标明的最高车速行驶,都极易发生冲撞防护栏、中央隔离带、车辆倾翻和追尾相撞等事故,如图 7－16 所示。

图 7－16　高速公路超速造成追尾

驾驶车辆上道行驶,要遵守道路交通安全法律、法规的有关规定,不得超过限速标志标明的最高时速;在没有限速标志的路段,应保持安全车速、避免超速行驶。行车中需注意观察交通信号和交通标志,尽量降低车速,减少超车,保持平和心态,礼让行车,是确保行车安全,预防道路交通事故的有效手段。

2. 超载超限

车辆超载是指车辆运载的货物重量或人数超过行驶证核定的质量或人数;车辆超限是指车辆的轴载质量、车货总质量或装载总尺寸超过国家规定的限制。

《中华人民共和国道路交通安全法》第四十八条规定:“机动车载物应当符合核定的载质量,严禁超载;载物的长、宽、高不得违反装载要求”。第四十九条规定:“机动车载人不得超过核定的人数,客运机动车不得违反规定载货”。

车辆超载对安全行车或运输造成了极大的危害,严重危及国家和人民的生命财产安全,诱发了大量的道路安全交通事故,给人民生命财产造成了巨大的损失,如图 7－17 所示。

据统计,70% 的道路交通事故是由于车辆超载而引发的,50% 的群死群伤事故、重特大道路交通事故均与超载有直接关系。

典型案例：如图7－18所示，2006年11月21日6时50分，黑龙江省哈尔滨市双城区周家镇驾驶人关某驾驶接送学生的大型普通客车，乘载52人（核载26人）其中学生51人，行至哈尔滨市双城区周家镇村道上一座小桥，车辆转弯时，因严重超员车辆制动失效，撞上桥头栏杆后翻入沟内，造成8人死亡，25人受伤。

图7－17　违法超载酿成事故

图7－18　严重超员致使制动失效

（1）车辆超载超限的危害：

①严重破坏公路基础设施。由于超载超限车辆的荷载远远超过了公路和桥梁的设计载荷，致使路面损坏、桥梁断裂，使用年限大大缩短。

②行车中危险性增大。车辆超限超载，载质量增大，惯性加大，直接导致制动距离加长。如果严重超载，还会因轮胎负荷过重、变形过大而引发爆胎、突然偏驶、制动失灵、翻车等事故。另外，超载还会影响车辆的转向性能，易因转向失控而导致事故。

③驾驶人容易出现操作错误。驾驶人驾驶超限超载的车辆，往往会增加心理负担和思想压力，容易出现操作错误，影响行车安全，造成交通事故。

④影响道路的畅通。由于超限超载后的车辆无法达到正常的行驶速度，会长时间占用车道，直接影响着道路的畅通。

（2）载货汽车装载规定：

①机动车载物不得超过机动车行驶证上核定的载质量，装载长度宽度不得超出车厢。

②重型、中型载货汽车，半挂车载物，高度从地面起不得超过4 m，载运集装箱的车辆不得超过4.2 m。其他载货的机动车载物，高度从地面起不得超过2.5 m。

（3）载客汽车装载规定：

①公路载客汽车不得超过核定的载客人数，按照规定免票的儿童除外。在载客人数已满的情况下，按照规定免票的儿童不得超过核定载客人数的10%。

②载客汽车除车身外部的行李架和内置的行李箱外，不得载货。载客汽车行李架载货，从车顶起高度不得超过0.5 m，从地面起高度不得超过4 m。

③公路客运载客汽车超过核定乘员的，公安机关交通管理部门依法扣留机动车后，驾驶人应当将超载的乘车人转运，费用由超载机动车的驾驶人或者所有人承担。

3. 疲劳驾驶

人是交通安全中最重要的因素，是交通安全的核心，在交通事故人的因素当中，驾驶人疲劳驾驶占主要地位。据统计,特大交通伤亡事故中,因疲劳驾驶造成的约占 40% ,疲劳驾驶对安全行车已构成了严重威胁。

《中华人民共和国道路交通安全法》第二十二条第二款、第三款明确规定“过度疲劳影响安全驾驶的,不得驾驶机动车”。

疲劳驾驶是指驾驶人在长时间连续行车后,产生了生理机能和心理机能的失调,而在客观上出现驾驶技能下降的现象。驾驶人睡眠质量差或不足,长时间驾驶车辆,均易出现疲劳驾驶。

驾驶人处于轻微疲劳时,会出现换挡不及时、不准确;驾驶人处于中度疲劳时,会出现操作动作呆滞,有时甚至会忘记操作;驾驶人处于重度疲劳时,往往会下意识操作或出现短时间睡眠现象,严重时将失去对车辆的控制能力,如图 7 - 19 所示。

图 7 - 19 疲劳驾驶引发的车辆失控

疲劳驾驶会影响到驾驶人的注意力、感觉、知觉、思维、判断、意志、决定和身体运动等诸多方面。驾驶人疲劳时,会出现视线模糊、腰酸背疼、动作呆板、四肢无力、反应迟钝、注意力不集中等情况发生,从而导致驾驶人判断能力下降,操作失误增加,甚至出现精神恍惚或瞬间记忆消失等不安全因素,如果仍勉强驾驶车辆,极易导致交通事故的发生,如图 7 - 20 所示。

图 7 - 20 疲劳驾驶引发重大事故

人体疲劳的“三个阶段”:

第一阶段:午间时分——上午 11 时至下午 1 时;

第二阶段：黄昏时分——下午5时至下午7时；

第三阶段：午夜时分——凌晨1时至3时。

典型案例：如图7－21所示，2007年5月7日凌晨5点40分许，云南省某交通汽车运输集团公司驾驶人廖某某驾驶一双层卧铺大客车，从浙江金华驶往云南省镇雄县，当行至贵州贵毕高速公路83 km＋142 m处时，因疲劳驾驶，造成大客车驶出道路左侧。撞倒护栏后翻下斜高137 m的路坎下，共造成车上17名乘客当场死亡（其中包括3名儿童），其余25名乘客受伤的特大交通事故。

图7－21 事故现场

（1）驾驶疲劳与高速行车的关系。

驾驶车辆高速或持续高速行驶时，驾驶人的注意力十分集中，始终处于精神高度紧张的状态，而随着速度的不断提高和驾驶时间的延长，驾驶人视线逐渐变窄，如图7－22所示，会容易出现疲劳感觉。

图7－22 疲劳驾驶导致视线变窄

尤其在道路情况单一，交通干扰少，速度稳定，行车噪声小和振动频率低的道路上高速行驶，驾驶人极易产生单调感而容易犯困打瞌睡。由此可见，驾驶车辆高速行驶，容易导致驾驶疲劳。

①高速公路特点：

——路面宽阔、固定参照物少、车流速度高；

——既无交通信号灯控制和道路平面交叉，又无行人、非机动车和其他低速机动车干扰；

——所有车辆都保持较高的速度各行其道有序地行进。

②高速公路上行车的驾驶人的特点：

——精力始终处于高度紧张的状态，体力消耗增大；

——会不知不觉地提高车速，甚至丧失制动和减速意识；

——长时间驾驶，会感到单调、枯燥，极易产生松懈或疲劳。

③高速公路行车的建议：在高速公路上行车2 h左右，应选择就近的服务区休息。若感觉疲倦或有睡意时，不要继续驾驶，应立即休息。

(2)驾驶疲劳的预防。预防驾驶疲劳是保证行车安全的最有效途径，当已经感到疲劳再去改善，就不如做好预防效果更好。

①保证足够的睡眠时间和良好的睡眠效果。养成按时就寝和保持良好睡姿的习惯，每天确保7～8 h的睡眠时间；睡前1.5～2 h内不饮食，睡前1 h内不多饮水、不进行过度脑力工作；卧室内保持通风、清洁，床不宜太软，被子不要过重、过暖，枕头不宜过高。

②科学、合理的安排行车时间和计划，注意劳逸结合；连续驾驶时间不得超过4 h，连续行车4 h，必须停车休息20 min以上；夜间长时间行车，应由2人轮流驾驶，交替休息，每人驾驶时间应在2～4 h之间，尽量不在深夜驾驶。

(3)注意合理安排自己的休息方式。驾驶车辆避免长时间保持一个固定姿势。可时常调整局部疲劳部位的坐姿并深呼吸，以促进血液循环。最好在行驶一段时间后停车休息，下车活动一下腰、腿，放松全身肌肉。预防驾驶疲劳。

(4)保持良好的工作环境。行车中应保持驾驶室空气畅通，温度和湿度适宜，减少噪声干扰。

(5)养成良好的饮食习惯，提高身体素质。膳食宜选择易消化、营养价值高的食品：多吃含维生素A、C、B1、B2的食物可以防止眼睛干燥和疲劳；多吃纤维性食物，可以增强胃、肠的蠕动；多吃含钙量较高的食物，可以减轻驾驶中的焦虑和烦躁感；饭量以七、八成饱为好，勿暴饮暴食；每餐间隔以5～6 h为宜，尽量做到定时就餐，切忌饥一顿、饱一顿；饮食应细嚼慢咽软，不要狼吞虎咽，也不要只吃干食，适当喝汤有助消化。

(6)改善驾驶疲劳的方法。当感到困倦时，切忌继续驾驶车辆，应迅速停车并采取有效施。可采取以下方法，适时的减轻和改善疲劳程度，恢复清醒。

①用清凉空气或冷水刺激面部。

②喝一杯热茶或热咖啡，吃、喝一些酸或辣的刺激食物。

③停车到驾驶室外活动肢体，呼吸新鲜空气，促使精神兴奋。

④收听轻音乐并将音量适当调大，促使精神兴奋。

⑤做弯腰动作，进行深呼吸，使大脑尽快得到氧气和血液补充，促使大脑兴奋。

⑥用双手以适当的力度拍打头部，疏通头部经络和血管，加快人体气血循环促进新陈代谢和大脑兴奋。

切记：以上方法只能是暂时的改善和缓解驾驶疲劳，不能从根本上解除疲劳，唯有睡眠才是缓解疲劳和恢复清醒最可靠、最有效的方法。

4. 酒后驾车

驾驶人饮酒后，由于酒精的刺激，会出现兴奋状态，当酒精在身体血液内达到一定浓度时，对外界的反应能力及控制能力就会下降，驾驶车辆时处理紧急情况的能力也随之下降。驾驶人血液中酒精含量越高，发生交通事故的概率越大。近几年来，我国因机动车驾驶人酒后驾驶而引发的交通事故每年多达近万起，酒后驾车造成的死亡事故占有相当大的比例。触目惊心的事故现场警醒人们，酒后驾驶是引发交通事故的罪魁祸首之一。

《中华人民共和国道路交通安全法》规定，饮酒不能驾驶机动车。

典型案例：如图 7－23 所示，2010 年 10 月 16 日晚 21 时 40 分许，在河北大学新区超市前，牌照为“冀 FWE420”的黑色轿车，将两名女生撞出数米远。被撞一陈姓女生于 17 日傍晚经抢救无效死亡，另一女生重伤经紧急治疗后，方脱离生命危险。肇事者口出狂言：“有本事你们告去，我爸是李刚”。曾经轰动全国的重大交通肇事案件，终于在 2011 年 1 月 30 日尘埃落定。河北保定李启铭交通肇事案于 2011 年 1 月 30 日一审宣判，李启铭被判 6 年有期徒刑。

图 7－23　酒后驾驶事故案例

驾驶人饮酒后往往会带来以下危害：由于酒精的麻醉作用，手、脚的触觉较平时降低，往往无法正常控制加速踏板、制动踏板及转向盘；对光、声刺激反应时间延长，本能反射动作的时间相应延长，感觉器官和运动器官如眼、手、脚之间的协调配合功能发生障碍，行车中无法正确判断距离、速度；视力会暂时受损，视像不稳，辨色能力下降，不能及时注意交通信号、标志和标线。同时饮酒后视野大大减小，视像模糊，眼睛只盯着前方目标，对处于视野边缘的危险隐患难以发现，易发生事故；在酒精的刺激下，有时会过高地估计自己，对周围人的劝告常不予理睬且往往做出一些力不从心的事；另外，饮酒后易困倦，驾驶车辆行驶无规律，空间视觉差等。

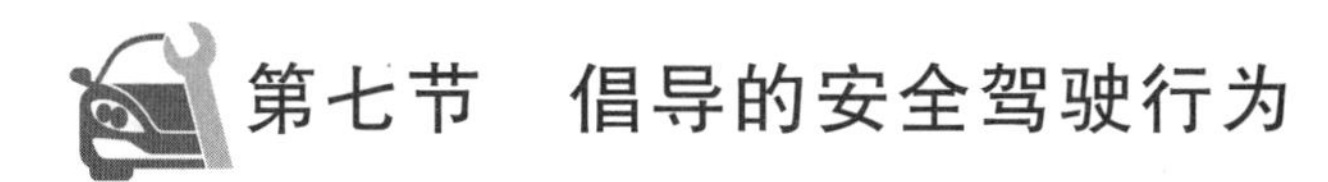

第七节　倡导的安全驾驶行为

一、做好出车前的安全检查

如图 7－24 所示，出车前要及时检查车辆的制动、转向、轮胎、灯光信号等安全装置，发现隐患及时排除。

图 7－24　出车前的检查

二、保持安全车速，不超速行驶

如图 7－25 所示，行车中自觉遵守行车速度规定，注意观察交通信号灯和交通标志、标线，保持平和心态，各行其道，礼让行车，不超速行驶。在容易发生危险的路段和遇恶劣气象条件下时，要降低车速行驶。

图 7－25　行车保持安全车速

三、驾驶车辆不超载

驾驶货运车辆载物应当符合核定的载质量，载物的长、宽、高不违反装载要求；驾驶客运车辆载人不超过核定的人数，不违反规定载客；严禁超载、超员，如图 7－26 和图 7－27 所示。

图 7－26　严禁超载

图 7－27　严禁超员

四、变道不影响其他车辆正常行驶

驾驶车辆变更车道时，应留出足够的安全距离，在不影响其他车辆正常行驶的情况下驶入变更的车道。不随意变更车道，不频繁变更车道。违章变道将引发事故，如图 7－28 所示。

图 7－28　违章变道将引发事故

五、遇到拥堵路段要依次排队行驶

遇到交叉路口或前方车辆停车排队等候、缓慢行驶时应依次排队，有序通行。不得加塞，不得穿插绕行，如图 7－29 所示。

图 7－29　拥堵路段应依次排队通过

六、停车要遵守规定

路边停车应遵守交通法规的有关规定，紧靠道路右侧停车，不在路边随意停车。城市公共汽车不在站点以外的路段停车上下旅客，如图 7－30 所示。

七、正确选择行车道，不违法占道行驶

如图 7－31 所示，驾驶车辆应正确选择行车路线，不占道行驶：不高速在低速车道行驶或低速在高速车道行驶；不占用非机动车道或人行道行驶；不在紧急停车带或路肩行驶；超车、转弯不要侵占对方车道；不要长时间轧分道线或道路中间虚线行驶等。

图 7－30 按规定停车

图 7－31 正确选择行车道

八、行车中保持安全车距

如图 7－32 所示，行车中，要与同车道行驶的车辆，保持足以采取紧急制动措施的安全距离。雨、雾天气在高速公路行驶时，要按规定使用灯光，低速行驶并加大跟车距离，谨慎驾驶。

九、酒后、疲劳不驾驶车辆

如图 7－33 所示，驾驶员饮酒后，严禁驾驶机动车，如图 7－34 所示，驾驶员在行车中感到疲劳时，要尽快停车休息，不疲劳驾驶车辆，否则将导致事故发生。

图 7－32 确保行车安全距离

图 7 – 33　严禁酒后驾车

图 7 – 34　疲劳驾驶危害大

十、转弯前要减速

如图 7 – 35 所示，驾驶车辆通过弯道时，应减速慢行，沿弯道右侧行驶，转弯过程中禁止使用紧急制动。

图 7 – 35　转弯前要减速慢行

十一、通过人行横道应避让行人

驾驶车辆行经人行横道时，应当减速慢行，注意观察左、右方交通情况，随时做好制动减速或停车礼让行人、非机动车的准备。

如图 7 – 36 所示，当有行人或非机动车通过人行横道或路口时，应及时停车让行，不得抢行或绕行。禁止在人行横道线、网状线内停车。

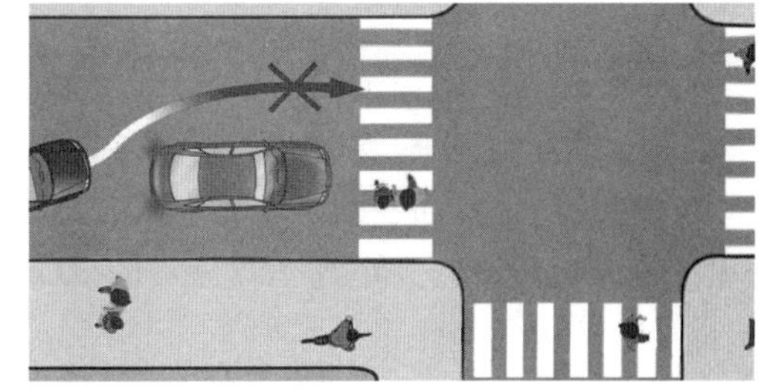

图 7 – 36　通过人行横道应避让行人

十二、支干路进入主干路要让行

如图 7－37 所示，车辆在主干道上行驶，驶近主支干道交汇处时，为防止与从支干路突然驶入的车辆相撞，应提前减速、观察，谨慎驾驶。从支干路进入主干路的车辆，应让主线内的车辆先行。

图 7－37 按规定让行

十三、夜间会车要正确使用灯光

如图 7－38 所示，夜间会车时，应在距离对方来车 150 m 以外将远光灯改为近光灯。夜间跟车行驶，后车距前车较近时，不应使用远光灯。

图 7－38 夜间会车要正确使用灯光

第八节 摩托车的出行安全

一、摩托车、电动车在安全方面的特点

体积小、速度快、平稳性差，没有保护装置，稍有碰撞极易失控颠覆是摩托车及电动车在安全方面的特点。有关资料显示，摩托车交通事故率是其他车辆的 4 倍；摩托车驾驶员行驶每公里的致命危险率约为小汽车驾驶员的 20 倍，与汽车的相撞事故中，骑乘摩托的死亡率高达 97%。

二、摩托车、电动车交通事故的主要原因

摩托车、电动车发生交通事故的原因有不按规定车道行驶;突然变道和急转弯;违章装载;无证驾驶;超速行驶;酒后驾驶和不戴安全帽。

其中,不按规定车道行驶;通过交叉路口不注意避让其他车辆,成为引发交通事故的主要原因。

突然变更车道和急转弯,导致与正常行驶的车辆发生冲突,该类行为引发的事故所占比例约为6成,是最常见的一类事故。

(一)违章装载

(1)个别人出行时因为某些原因,载上3至4人,两轮摩托车变相成了"两轮小客车",如图7-39所示。

图7-39 摩托车违章超载

(2)这些严重超载的摩托车、电动车在遇到车多、人多的道路情况时,容易驾驶不稳定,一旦遇到紧急情况,根本无法及时控制严重超负荷的车辆,此时意外事故就发生了。违章装载也是较为常见的一类事故。

(二)无证驾驶

无证驾驶的人,绝大多数未经培训学习,不懂交通法规、车辆构造及安全常识,遇到紧急情况时容易不知所措,极易引发交通事故。

(三)超速行驶

车速快、底盘轻是摩托车事故的最大特点,也是摩托车事故的主要祸源。

(四)酒后驾车

现在社会应酬多,许多人尤其是年轻人聚会喝酒,酒后驾车就成了交通事故的罪魁祸首。

(五)不戴安全帽

在交通事故发生时,如果戴上合格的安全帽,坚韧的安全帽外壳首先可直接抵御外力对头颅的冲击,缓解瞬间发生的撞击力。而安全帽里层的缓解层可以进一步减缓外力作用于头颅的力度和速度,同时可使作用力得以分散,从而消除外力对颅脑的损伤。

三、摩托车、电动车交通事故的预防

出车前，应确认车辆处于安全工作状态，行车要遵守交通法规，按规定行驶，装载物安全可靠，不超过制造商的设计规格和法定质量，驾驶员和乘员佩戴合格安全帽，不得酒后或服药后驾驶，也不得疲劳驾驶，驾驶中不得使用手机。

摩托车应定期进行维护保养：

(1)定期更换发动机润滑油。

(2)定期对运动部件进行清洗、添加润滑油等，以减小运动部件的摩擦阻力，提高使用时的可靠性。如：里程表软轴、传动链条、节气门线、前后轴承、离合器软轴、制动器软轴等。

(3)避免高速驾驶。车辆在行驶中应尽量对车速加以控制，避免长时间高速行驶，这样能保证发动机及整车部件在处于良好的工况下工作，并可以延长车辆的寿命。

第九节　非机动车辆和行人出行安全

如图 7－40 所示，“非机动车”包括自行车、电瓶自行车、三轮车、人力车、残疾人专用车和助力车。

图 7－40　非机动车

一、出行前

如图 7－41 所示，检查车辆性能，做到车辆的车闸、车铃齐全有效。不准在道路上学骑自行车，未满 12 岁的儿童不准在道路上骑自行车，骑自行车不准攀扶其他车辆，也不准牵引车辆或被其他车辆牵引。

图 7－41　骑车人违章示例

二、出行中

在划分机动车道和非机动车道的道路上，自行车应在非机动车道行驶。在没有划分中心线和机动车道与非机动车道的道路上，机动车在中间行驶，自行车应靠右边行驶。

如图 7－42 所示，自行车、电动自行车、残疾人机动轮椅车载物，高度从地面起不得超过 1.5 m，宽度左右各不得超出车把 0.15 m，长度前端不得超出车轮，后端不得超出车身 0.3 m。

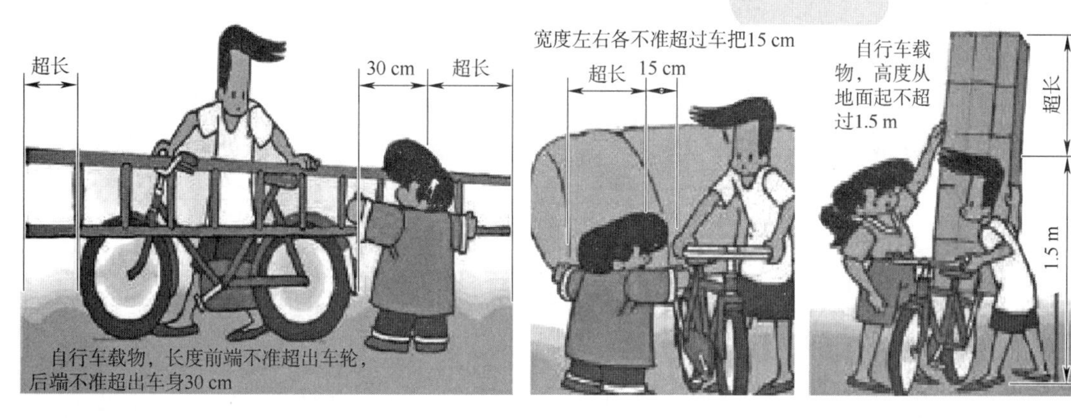

图 7－42　行驶中应遵守非机动车载物的相关规定

如图 7－43 所示，骑车上路不要扶肩并行，更不可互相追逐。要集中精力，行驶中不可以戴耳机听录音或广播，骑车不打手机，雨天骑车雨披应固定，避免一边撑伞一边骑车。

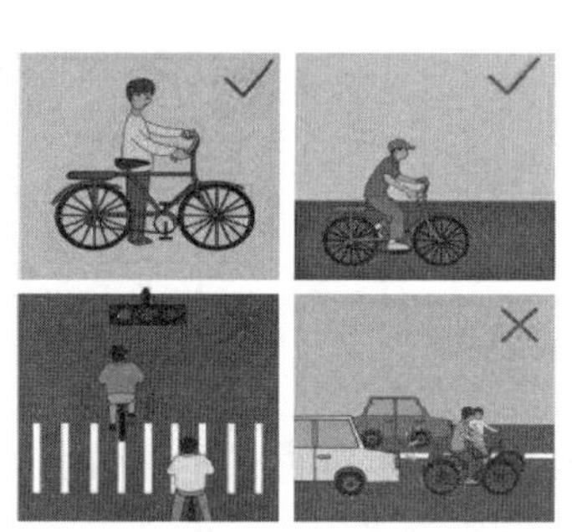

图 7－43　违章骑行

自行车转弯前须减速慢行，向后瞭望，伸手示意，不准突然猛拐。超越前车时，不准妨碍被超车的行驶。通过陡坡，横穿四条以上机动车道或途中车闸失效时，须下车推行。下车前须伸手上下摆动示意，不准妨碍后面车辆行驶，不准双手离把攀扶其他车辆或手中持物。

三、行人安全

（1）行人要在人行道上行走，多人同行时应避免三人以上并行而妨碍别人通行。若没有设置人行道，行人应在非机动车道右侧一米范围内行走。

(2)如果道路因施工、交通事故或其他原因而暂时封闭或阻塞时，行人要看清交通标志所指示的方向，改行其他路线，服从管理人员的指挥。

(3)如图7－44所示，不能在道路进行滑板、滑旱冰等游戏活动。不能在道路上扒车、追车、强行拦车或抛物击车。

图7－44　行人违章行为

(4)如图7－45所示，横过马路时，要走人行横道，做到一停二看三通过。有交通信号控制的人行横道，应遵守信号规定不得翻越道路之间的路栏，不得穿越、倚坐人行横道、车行道护栏。在横过没有人行横道的马路时，应走过街天桥或地下通道。

图7－45　行人要走人行横道

通过设有交通信号控制的人行横道，须注意行驶车辆，不要在车前、车后急穿公路。

交通繁忙、车辆密集且车速较快时，应待车流较疏时通过，而不能冒险在车流中行行停停或往来穿梭。天气恶劣时横过道路，行人应调整好雨具，看清路面情况待没有车辆驶近时才可横过道路。

夜间步行时，要尽量选择有路灯的地方横过道路，因为在夜间车流少，车速一般较快，同时驾驶人较难看见行人，而行人也难估计车辆的速度。

不要进入高架道路、高速公路以及其他禁止行人进入的道路。不要让幼儿单独在道路上行走，高龄老人上街最好有人搀扶陪同，儿童避免在道路上玩耍嬉戏。

不要擅自进入交通管制区域。

 第十节　《道路交通标志和标线》

道路交通标志和标线由图形、符号、颜色、文字等元素构成，向道路使用者告知道路通行权利、明示道路交通禁止、限制、遵行状况，告示道路和交通状况等信息，从而引导道路使用者有秩序地使用道路，以促进道路交通安全、提高道路运行效率。

《道路交通标志和标线》(GB 5768)作为我国交通工程领域覆盖面最广的基础性标准,首次发布于1986年,经过1999年、2009年、2017年和2018年四次修订,形成了包含总则、交通标志、交通标线、作业区、限制速度、铁路道口、行人和非机动车、学校区域等八个部分的完整体系。其中,1至3部分为通用规定,规定了基本原则及各种交通标志和标线的颜色、形状、图案及设置要求,目前"第2部分:交通标志"正在修订中,4至8部分针对特殊道路环境的特殊需求,具体规定交通标志和标线的设置要求,其中4至6部分已于2017年发布实施,本次发布的为"第7部分:非机动车和行人"和"第8部分:学校区域"。

一、目的和意义

在"第7部分:非机动车和行人"和"第8部分:学校区域"的标准编制过程中,编制组通过开展实地调研、交通管理需求调研和相关研究成果收集分析等工作,以保障交通安全、便于交通管理为目标,使标准技术内容不但更注重标志标线的使用要求,而且实用、易懂,并与已发布的各部分保持一致。

二、主要内容

(1)关注非机动车和行人,规范相关标志和标线设置。我国交通基础建设经过十几年的飞速发展,人们对机动车行驶条件和规律的认识发生了变化,骑自行车、步行已经逐渐成为人们比较青睐的一种出行、休闲和健身方式,"绿色出行"需求不断增加。同时,随着我国提倡并推广"低碳环保"的理念,部分省市借鉴欧美发达国家经验,已经开始建设"绿道"网(即非机动车和行人专用道路网络)。但我国现有基础设施以及配套的交通服务功能更多地考虑机动车的需求,而对非机动车和行人显得并不那么"友好"。针对以上问题和需求,《道路交通标志和标线》(GB 5768)"第7部分:非机动车和行人"从非机动车车道、非机动车专用路、非机动车与行人专用路、行人过街设施、步行街以及非机动车与行人指引等方面,配合我国交通管理法规,规定了非机动车和行人相关道路交通标志和标线的一般要求和使用规则,以规范出行行为,从而减少交通事故,保障机动车、非机动车及行人的出行安全。

(2)聚焦学校区域,加强交通安全性和畅通性保障。多年来,我国儿童交通事故数量居高不下。数字显示,我国儿童交通事故的死亡率是欧洲的2.5倍,美国的2.6倍,每年有超过1.85万名14岁以下儿童死于道路交通事故。在上海,儿童交通事故死亡率已接近万分之二;在北京,平均每天有10名以上儿童在交通事故中受到伤害,全年共有40~50名儿童因交通事故死亡。交通事故已经成为中国儿童意外伤亡的第二大原因。儿童交通伤亡事故的地点多集中于学校区域,事故原因多是车辆与儿童间的碰撞事故。对于预防学校区域的交通事故,交通标志、标线被国际公认为是性价比最高的交通安全改善措施。《道路交通标志和标线》(GB 5768)"第8部分:学校区域"将保障学生出行安全作为标准制定的首要原则,提出在学校区域应放大标志尺寸、加强标志反光性,并从速度限制和停车管理两个角度入手,规定了学校区域道路交通标志和标线的设置原则和要求,提升学校区域道路交通标志和标线设置的规范性和科学性,从而降低学校区域交通故事的发生率,进一步规范道路交通运行秩序。

三、中华人民共和国公共安全行业标准

如图 7 – 46 所示,《道路交通标志和标线》(GB 5768)共分为 8 个部分,即:

第 1 部分:总则

第 2 部分:道路交通标志

第 3 部分:道路交通标线

第 4 部分:作业区

第 5 部分:限制速度

第 6 部分:铁路道口

第 7 部分:非机动车和行人

第 8 部分:学校区域

图 7 – 46 道路交通标志 8 个部分

四、道路交通标志和标线解读

(一)交通标志的含义

交通标志,即用文字或符号传递引导、限制、警告或指示信息的道路设施。又称道路标志或道路交通标志。交通标志的设置应该醒目、清晰、明亮。设置交通标志也是实施交通管理,保证道路交通安全、顺畅的重要措施。交通标志有多种类型,可用各种方式区分为:主要标志和辅助标志;可动式标志和固定式标志;照明标志、发光标志和反光标志;以及反映行车环境变化的可变信息标志。

(二)交通标志的分类识别

交通标志分为:警告标志、禁令标志、指示标志、指路标志、旅游区标志、道路施工安全标志和辅助标志七类。

1. 警告标志识别

警告标志起警告作用,共有 49 种,用以警告车辆、行人注意危险地点,颜色为黄底、黑边、黑图案,形状为顶角朝上的等边三角形,如图 7 – 47 所示。

图 7 – 47 警告标志示例

2. 禁令标志识别

禁令标志起禁止某种行为的作用,共有 43 种,用以禁止或限制车辆、行人交通行为。除个别标志外,颜色为白底、红圈、红杠、黑图案,图案压杠,形状为圆形、八边形、顶角朝下的等边三角形。设置在需要禁止或限制车辆、行人交通行为的路段或交叉口附近,如图 7 – 48 所示。

图 7－48　禁令标志示例

3. 指示标志识别

指示标志起指示作用,共有 29 种,用以指示车辆、行人行进。颜色为蓝底、白图案,形状分为圆形、长方形和正方形。设置在需要指示车辆、行人行进的路段或交叉口附近,如图 7－49 所示。

图 7－49　指示标志示例

4. 指路标志识别

指路标志起指路作用,共有 146 种,用以传递道路方向、地点、距离信息。颜色除里程碑、百米桩外,一般为蓝底、白图案;高速公路一般为绿底、白图案。形状除地点识别标志、里程碑、分合流标志外,一般为长方形和正方形,如图 7－50 所示。

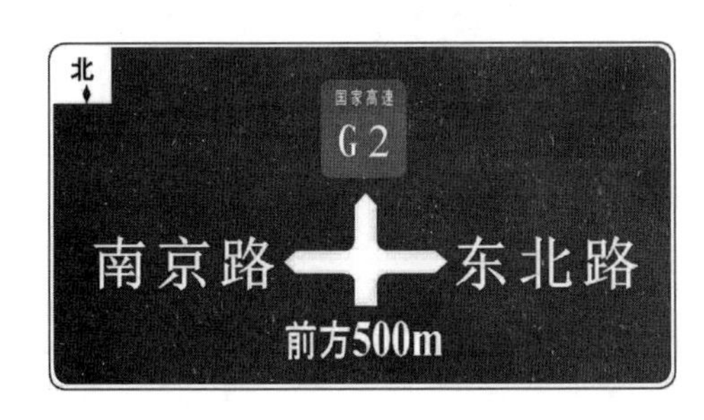

图 7－50　指路标志示例

5. 旅游区标志识别

旅游区标志共有 17 种,用以提供旅游景点方向、距离。颜色为棕色底、白色字符图案,形状为长方形和正方形。旅游区标志又可分为指引标志和旅游符号两大类,设置在需要指示旅游景点方向、距离的路段或交叉口附近,如图 7－51 所示。

6. 道路施工安全标志识别

道路施工安全标志是通告道路施工区通行的标志,用以提醒车辆驾驶人和行人注意,共有 26 种。其中,道路施工区标志共有 20 种,用以通告高速公路及一般道路交通阻断、绕行等情况。设在道路施工、养护等路段前适当位置,如图 7－52 所示。

图 7－51　旅游区标志示例

图 7－52　道路施工标志示例

7. 辅助标志识别

辅助标志是在主标志无法完整表达或指示其内容时，为维护行车安全与交通畅通而设置的标志，为白底、黑字、黑边框，形状为长方形，附设在主标志下，起辅助说明作用，如图 7－53 所示。

（a）机动车

7:30 - 10:00

（b）时间范围

图 7－53　警告标志示例

（三）道路交通标志设置的方式

（1）门架式标志或跨线桥上附着式标志的箭头，用来指示车道的用途或行驶目的地时，箭头应向下，并指向该车道的中心线。用来指示出口方向时，箭头应倾斜向上，倾斜角度应能反映出口车道的线形。

（2）路侧安装的指路标志，表示直行方向的箭头应指向上方，表示转向方向的箭头应与转向车道的线形保持一致。同时出现向上、向左、向右的三个箭头时，指向右侧的箭头应放置在最右侧，指向上、左的箭头应放置在最左侧。

（3）箭头可以放置在主要标志文字的下方，或文字一侧的适当部位。

（4）公路的指路标志应采用汉字，根据需要可与其他文字并用。当标志采用中、英两种文字时，地名应用汉语拼音，专用名词应用英文。因版面规格限制时，部分英文可以采用缩写。

（四）道路交通标线的识别

道路交通标线是由标划于路面上的各种线条、箭头、文字、立面标记、突起路标和轮廓标等所构成的交通安全设施。它的作用是管制和引导交通。可以与标志配合使用,也可单独使用。

1. 道路交通标线按设置方式分类

可分为以下三类:

(1)纵向标线。沿道路行车方向设置的标线。

(2)横向标线。与道路行车方向成角度设置的标线。

(3)其他标线。字符标记或其他形式标线。

图 7-54　指示标线示例

2. 道路交通标线按功能分类

可分为以下三类:

(1)指示标线。指示车行道、行车方向、路面边缘、人行道等设施的标线,如图 7-54 所示。

(2)禁止标线。告示道路交通的遵行、禁止、限制等特殊规定,车辆驾驶人及行人需严格遵守的标线,如图 7-55 所示。

(3)警告标线。促使车辆驾驶人及行人了解道路上的特殊情况,提高警觉,准备防范应变措施的标线,如图 7-56 所示。

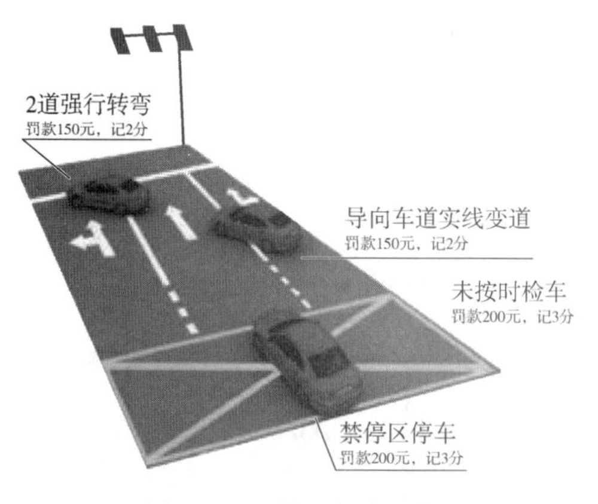

图 7-55　禁止标线示例

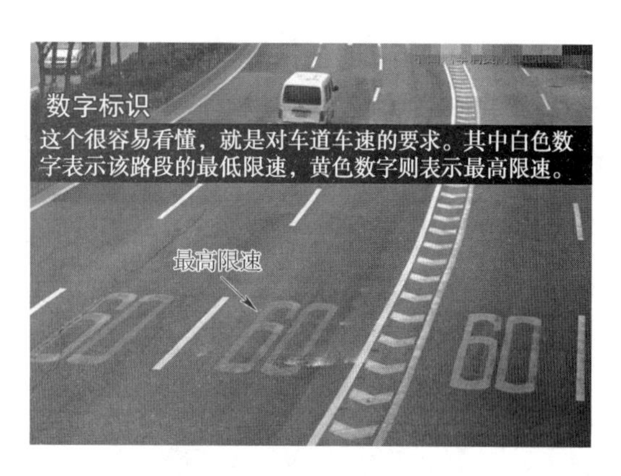

图 7-56　警告标线示例

3. 道路交通标线按型态分类

可分为以下四类:

(1)线条。标划于路面、缘石或立面上的实线或虚线,如图 7-57 所示。

(2)字符标记。标划于路面上的文字、数字及各种图形符号,如图 7 - 58 所示。

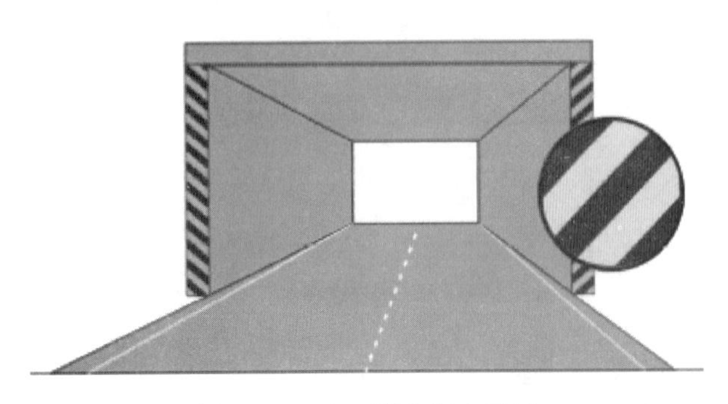

图 7 - 57 立面警告标志示例

图 7 - 58 警告标线数字或图形示例

(3)突起路标。安装于路面上用于标示车道分界、边缘、分合流、弯道、危险路段、路宽变化、路面障碍物位置的反光或不反光体,如图 7 - 59 所示。

图 7 - 59 车道分界分流标线示例

(4)路边丝轮廓标。安装于道路两侧,用以指示道路的方向、车行道边界轮廓的反光柱(或片),如图 7 - 60 所示。

4. 道路交通标线的标划区分

(1)白色虚线。划于路段中时,用以分隔同向行驶的交通流或作为行车安全距离识别线;划于路口时,用以引导车辆行进,如图 7 - 61 所示。

图 7 - 60 边缘轮廓标线示例

图 7 - 61 白色虚线示例

（2）白色实线。划于路段中时，用以分隔同向行驶的机动车和非机动车，或指示车行道的边缘；设于路口时，可用作导向车道线或停止线，如图 7－62 所示。

图 7－62　白色实线示例

（3）黄色虚线。划于路段中时，用以分隔对向行驶的交通流；划于路侧或缘石上时，用以禁止车辆长时在路边停放，如图 7－63 所示。

图 7－63　黄色虚线示例

（4）黄色实线。划于路段中时，用以分隔对向行驶的交通流；划于路侧或缘石上时，用以禁止车辆长时或临时在路边停放，如图 7－64 所示。

图 7－64　黄色实线示例

（5）双白虚线。划于路口时，作为减速让行线；设于路段中时，作为行车方向随时间改变的可变车道线，如图 7－65 所示。

图 7－65　双白虚线示例

(6)双黄实线。划于路段中时,用以分隔对向行驶的交通流,如图 7－66 所示。

图 7－66　黄色实线示例

(7)黄色虚实线。划于路段中时,用以分隔对向行驶的交通流。黄色实线一侧禁止车辆超车、跨越或回转;黄色虚线一侧在保证安全的情况下准许车辆超车、跨越或回转,如图 7－67 所示。

图 7－67　黄色虚实线示例

(8)双白实线。划于路口时,作为停车让行线,如图 7－68 所示。

图 7－68　双白实线示例

思 考 题

1. 驾驶员应具备的基本条件和能力有哪些？
2. 驾驶人必须要符合的基本要求有哪些？
3. 不同路段行驶的规范操作如何实现？
4. 不良天气行驶的规范操作如何做到？
5. 外部条件影响行驶的规范操作如何完成？
6. 忽略哪些因素会对行驶造成影响？
7. 违章驾驶的风险隐患一般包括哪些？
8. 发生交通事故的主要原因是什么？
9. 常见的驾驶陋习有哪些？
10. 常见的驾驶违法行为有哪些？
11. 驾驶疲劳与高速行车有什么关系？
12. 出车前的安全检查包括哪些？
13. 摩托车、电动车在安全方面的主要特点是什么？
14. 摩托车、电动车应如何预防交通事故？
15. 非机动车辆和行人出行安全如何保证？
16. 如何识别道路交通标志和标线？
17. 中华人民共和国公共安全行业标准共分几部分？
18. 交通标志的含义是什么？
19. 交通标志的识别有哪些？
20. 交通标志各类别的含义是什么？
21. 道路交通标线应如何识别？

第八章

汽车维修行业的职业病危害

学习目标

1. 了解职业病的含义;职业病的表现;职业病的特征。
2. 掌握不同职业的职业病症状。
3. 了解对职业病认定的相关规定。
4. 掌握职业病的鉴定程序及鉴定所包括的内容。
5. 掌握职业病鉴定的法律依据;单位应做的事请;职业病的产生及危害。
6. 了解职业病危害的种类;汽车维修行业主要职业病危害的来源。

第一节　概　　述

一、职业病的概述

(一)职业病的定义

根据《中华人民共和国职业病防治法》,所称职业病,是指企业,事业单位和个体经济组织等用人单位的劳动者在职业活动中,因接触粉尘,放射性物质和其他有毒有害因素而引起的疾病,一般来说只有符合法律规定的疾病才能称为职业病。

其含义包括两个方面:

(1)适用主体:法律意义上职业病仅限于企业、事业单位和个体经济组织等用人单位的劳动者,包括各类依法设置的国有企业、集体所有制企业、股份制企业、中外合资经营企业、中外合作经营企业、外资企业、合伙企业、个人独资企业以及各类事业单位,个体经济组织包括个体工商户在内的依法从事生产经营活动的个体生产经营者。

(2)致病因素:包括劳动者所患疾病必须是在职业活动中发生和职业活动中接触职业病危害因素。职业病危害因素可以是粉尘、放射性物质,也可是其他有毒有害因素,包括各种有害化学、物理、生物因素以及在作业过程中产生其他职业病危害因素。

职业病是一种人为的疾病。它的发生率与患病率的高低,直接反映了疾病预防控制工作的水平。世界卫生组织对职业病的定义,除医学的含义外,还赋予立法意义,即由国家所规定的法定职业病。企业或用人单位应设置职业危害告知标志,如图 8-1 所示。

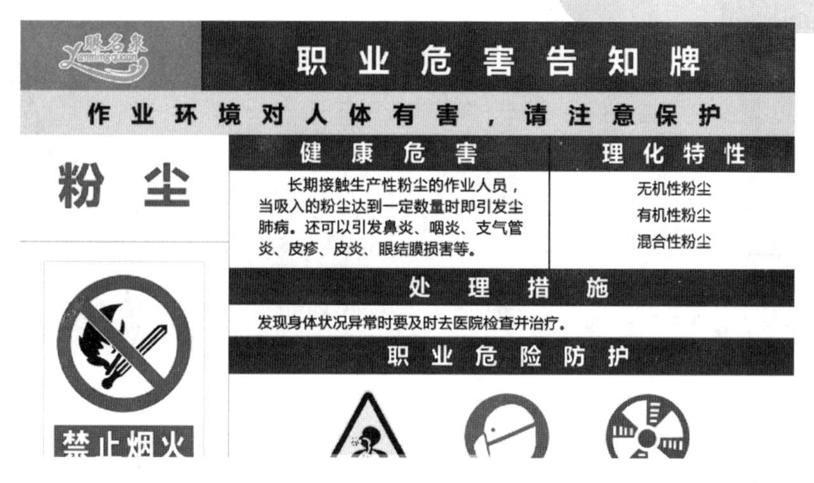

图 8-1 职业危害告知标志

我国政府规定,确诊的法定职业病必须向主管部门和同级卫生行政部门报告。凡属法定职业病的患者在治疗和休息期间及在确定为伤残或治疗无效死亡时,均应按工伤保险有关规定给予相应待遇,有的国家对职业病患者实行经济补偿,故也称为赔偿性疾病。

中国政府规定诊断为法定(规定)职业病的,需由诊断部门向卫生主管部门报告,职业病危害是指用人单位通过与劳动者签订劳动合同,公告,培训等方式,使劳动者知晓工作场所产生或存在的职业病危害因素,如何采取防护措施,了解对健康的影响以及查询健康检查结果等的行为。相关部门应依法管理职业病的预防工作,切实关爱劳动者的身心健康,如图 8-2 所示。

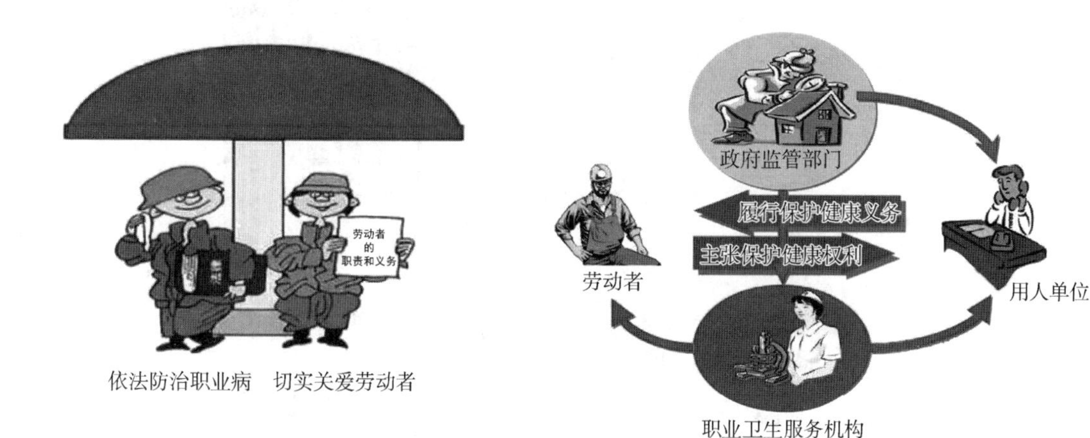

图 8-2 管理流程

用人单位应当依法开展工作场所职业病危害因素检测评价，识别并分析工作过程中可能产生或存在的职业病危害因素，用人单位应将工作场所可能产生的职业病危害如实地告知劳动者，并在醒目位置设置职业病防治公告栏，如图 8－3 所示。同时在可能产生严重职业病危害的作业岗位以及产生职业病危害的设备材料储存场所等设置警示标识。

图 8－3 职业病防治公告栏

产生职业病危害的用人单位应将工作过程中可能接触的职业病危害因素的种类、危害程度、危害后果、提供的职业病防护设施、个人使用的职业病防护用品、职业健康检查和相关待遇等如实告知劳动者，不得隐瞒或者欺骗。

用人单位应对劳动者进行上岗前的职业卫生培训和在岗期间的定期职业卫生培训，使劳动者知悉工作场所存在的职业病危害，并在工作场所内设置如图 8－4 所示的职业病危害告知卡，使劳动者掌握有关职业病防治的规章制度，操作规程，应急救援措施，职业病防护设施和个人防护用品的正确使用维护方法及相关警示标识的含义。

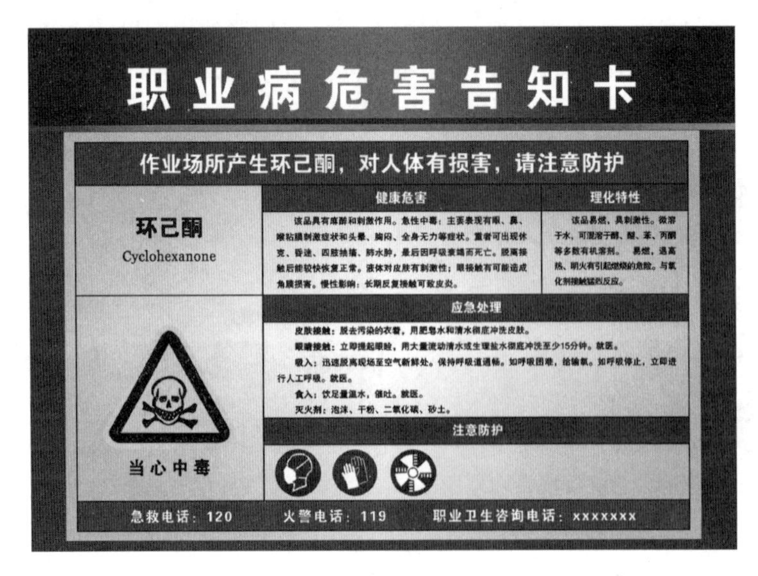

图 8－4 职业病危害告知卡

（二）职业病的表现

职业病有很多种，不同的职业病表现不一样。国家现行的职业病分类和目录范围内有十大类 132 种，单纯某一种职业病的临床表现就可以写一本书。

（1）我国职业病危害因素分布广泛。从传统工业到新兴产业以及第三产业，都存在一定的职业病危害，接触职业病危害因素人群数以亿计，职业病防治工作涉及三十多个行业，法定职业病名单达 115 种。接触职业危害人数、职业病患者累计数量、死亡数量及新发病人数量都居世界首位。

（2）我国的职业病发病形势严峻。近十年职业病发病情况呈现明显的凹形反弹倾向。发病人数从 20 世纪 90 年代初逐年下降，1997 年降至最低后又呈反弹趋势。其中主要是尘肺病检出率显著回升。

（3）我国的职业危害主要以粉尘为主，职业病人以尘肺病为主，占全部职业病的 71%，中毒占 20%，两者占全部职业病的 90%。尘肺病又以煤工尘肺、矽肺最为严重，尘肺病患者中有半数以上为煤工尘肺。

（4）职业病所造成的经济损失严重。根据有关部门的粗略估算，每年我国因职业病、工伤事故产生的直接经济损失达 1 000 亿元，间接经济损失达 2 000 亿元。

（5）职业性疾患是影响劳动者健康、造成劳动者过早失去劳动能力的主要因素，所波及的后果往往导致恶劣的社会影响。其中急性职业中毒明显多发，恶性事件有增无减，社会影响极大。

（6）对职业卫生机构和队伍现状调查表明，我国已经初步形成职业卫生监督与技术服务网络，但依然存在队伍数量少，质量不高；文化素质偏低，现场技术服务人员比例较低；以及后备力量不足等问题。

（7）对我国职业卫生投入调查表明，虽然各级政府自 1999 年起职业卫生投入呈逐年增加的趋势，但由于基数低，导致人均职业卫生投入明显不足，与经济发展水平极不适应，造成职业卫生监督与技术服务得不到保证。

（三）职业病的特征

职业病是指劳动者在职业活动中接触职业性危害因素所直接引起的疾病。

职业病有以下特征：

（1）有明确的病因。职业病的病因是明确的，如各种尘肺病是由于吸入不同种类的粉尘所引起，职业中毒是由于吸收了各种生产性毒物而致病等。

（2）发病和劳动条件有关。职业病的发病主要与接触职业病危害因素的浓度（强度）和作业时间有关。急性职业中毒是由于短期内吸收大量毒物导致，慢性职业中毒是由于长期接触一定量的毒物后才发病。

（3）常有群体性发病的情况。在同一生产环境中，往往不是只有个别的人发病，而是同时或先后出现相同的职业病患者。

（4）有一定的临床特征。许多职业病在临床表现和病程进展上各有其相对的特点，如矽肺须在接触矽尘数年至十年以上才会发病，X 线胸片有特殊的结节性和间质性改变，病情并不因脱离接触粉尘而停止进展，慢性苯中毒则多在长期接触苯之后逐渐出现血象改变，早期多表现为白细胞减少，及时调离相关岗位后病情多能恢复。

(5)疗效不够满意。多数职业病无特效治疗药物,治疗方案多以对症治疗为主,但其疗效往往不够理想。

(6)职业病是完全可以预防的。职业病是职业病危害因素所引起的疾病,只要采取有效的预防措施,使劳动者免于接触这些有害因素,就能够有效减少职业病的发生。

(四)职业病的特点

(1)职业病的起因是由于劳动者在职业性活动过程中长期受到来自化学的、物理的、生物的职业性危害因素的侵蚀,或长期受不良的作业方法、恶劣的作业条件的影响。这些因素及影响可能直接或间接地、个别或共同地发生着作用。

(2)职业病不同于突发的事故或疾病,其病症要经过一个较长的逐渐形成期或潜伏期后才能显现,属于缓发性伤残。

(3)由于职业病多表现为体内生理器官或生理功能的损伤,因而是只见“疾病”,不见“外伤”。

职业病属于不可逆性损伤,很少有痊愈的可能。换言之,除了促使患者远离致病源自然痊愈之外没有更为积极的治疗方法,因而对职业病预防问题的研究尤为重要。可以通过作业者的注意、作业环境条件的改善和作业方法的改进等管理手段减少患病率。

(五)我国职业病的五大特点

(1)接触职业病危害人数多,患病数量大;

(2)职业病危害分布行业广,中小企业危害严重;

(3)职业病危害流动性大、危害转移严重;

(4)职业病具有隐匿性、迟发性特点,危害往往被忽视;

(5)职业病危害造成的经济损失巨大,影响长远。

二、电脑职业病的症状

(1)眼睛感到疲劳不适。主要原因是电脑工作人员因长时间精力集中于屏幕,由于电脑屏幕亮度长时间不变、字迹密集、室内光线不合适等因素,很容易引起视觉疲劳。再加上工作过程中不注意调节视力,从而造成眼睛疲劳以及视力下降。

(2)手、腕、臂功能性损伤。由于电脑操作人员长时间使用键盘,反复单一的动作由于幅度变化小,需要相当大的静态支持力,这就使部分神经肌肉组织呈紧张状态。如腕部紧张持续较长时间后,会引起手、腕、臂甚至肩部的肌腱发炎、疼痛等症状,有时还可累及腱鞘和肌肉组织。

(3)室内环境污染的电脑工作人员的健康也造成间接危害。

三、带有疼痛症状的职业病

(1)司机、电焊工可能有腰椎间盘突出症和腰腿痛;

(2)车工、售货员可能出现右下肢静脉血栓形成并伴有下肢痛;

(3)秘书、打字员可能有颈椎病,颈肩痛;

(4)篮球运动员可能有膝关节半月板损伤;

(5)举重运动员可能有腰椎损伤或腰椎骨折疾病。

四、职业病的认定

（1）根据规定，职业病诊断机构在进行职业病诊断时，应当组织三名以上取得职业病诊断资格的执业医师进行集体诊断。职业病诊断机构组织开展诊断工作时，可以根据需要，聘请其他单位取得职业病诊断医师资格的职业病诊断医师参加诊断工作，如图 8－5 所示。

图 8－5　职业病的诊断

（2）根据《职业病防治法》的规定，职业病诊断应当综合分析下列因素：病人的职业史；职业病危害接触史；现场危害调查与评价；临床表现以及辅助检查结果等。

（3）职业病诊断应当依据职业病诊断标准，结合职业病危害接触史、工作场所职业病危害因素检测与评价、临床表现和医学检查结果等资料，进行综合分析做出。对不能确诊的疑似职业病病人，可以经必要的医学检查或者住院观察后，再做出诊断。对职业病诊断有意见分歧的，应当按多数人的意见诊断；对不同意见应当如实记录。

根据有关规定，没有证据否定职业危害因素与病人临床表现之间的必然联系的，在排除其他致病因素后，应当诊断为职业病。

（4）职业病诊断机构做出职业病诊断后，应当向当事人出具职业病诊断证明书。职业病诊断证明书应当明确是否患有职业病；对患有职业病的，还应当载明所患职业病的名称、程度（期别）、处理意见和复查时间。职业病诊断证明书应当由参加诊断的医师共同签署，并经职业病诊断机构审核盖章。职业病诊断证明书应当一式三份，劳动者、用人单位各执一份，诊断机构存档一份。

（5）职工被确诊为职业病的，用人单位应当向所在地县级劳动保障行政部门报告。

五、慢性疲劳综合征（职业病）

（一）慢性疲劳综合征的症状、病因和治疗

（1）症状：患该病症的患者长时间处于无原因的严重疲乏无力状态，而且还会出现短期记忆力或注意力下降，咽喉疼痛、头痛、低烧、睡眠异常和精神抑郁。

（2）病因：长期工作紧张、竞争压力大以及长时间处于疲劳状态。

（3）治疗：药物治疗包括抗病毒药物、抗抑郁药物、抗焦虑药物以及减轻疼痛、不适和发热的药物。非药物治疗包括针灸、瑜伽、疗养等方法。

(二)几种典型的慢性疲劳综合征

1. 干眼症

症状:眼睛特别干涩,看东西很累,严重的还伴有酸痛感;眼球疼痛、充血,没有眼泪;失眠头痛,胃口不好。

病因:由于眼睛注意力高度集中,使得眨眼的次数大大降低,再加上荧屏光线的辐射,使眼角膜得不到泪液的充分滋润。

治疗:经常在电脑或其他有辐射荧屏前工作的人,每隔 1 ~ 2 小时应有意识地离开荧屏一段时间,向远处眺望。同时,白领人士等经常在电脑前工作的人,应该把眼药水放在身边经常滴用。另外,做眼保健操也是预防干眼症的有效方法。

2. 手机综合征

症状:主要表现在对手机的焦虑和依赖。例如经常检查手机是不是在身边,在任何场合都喜欢玩弄自己的手机,如果手机出了问题,就一切工作无能为力。

病因:手机已成为人们生活的中心,一刻也离不开。一旦离开,他们的情绪就会出现极端的变化。

治疗:控制和转移自己的思维,尽量不要去想有关手机事情。

3. 午餐综合征

症状:中午的工作餐怎么吃都不舒服,吃完饭后,会因为腹胀和油腻感以至于感到焦虑没有工作情绪。

病因:这种病患者主要是女性,出现的原因比较复杂,有一部分是由减肥的心理压力造成的,但更主要是由于自身的一种完美主义焦虑。

治疗:放松放松再放松,正确认识作为人的正常生理活动的合理性。

4. 抑郁症

症状:经常失眠,做噩梦,记忆力开始下降,心情变得烦躁不安,孤独,对工作产生厌倦感等。

病因:这种病主要与长期反复出现的心理紧张有关,在激烈的竞争中容易有被解聘、怕被淘汰、怕不受重视不得不承受的工作、生活压力和心理负担,再加上有自我期望过高的心理状态,得点病也就不足为奇了。

治疗:要在心理上做好自我疏导和调节。心态保持正常,乐观豁达,不为小事斤斤计较,不为逆境心事重重。要善于适应环境变化,保持内心的安宁。

5. 脂肪肝

症状:慢性病,一经得上很难根治,肝功能和身体健康会遭到一点一点地破坏。

病因:应酬阶层最容易得此病,因为这种人群能达到想吃啥就吃啥的水平,而且吃应酬饭一定少不了酒。

治疗:食物应多样,并以谷类为主;多吃蔬菜、水果和薯类;常吃奶类、豆类或其制品;吃清淡少盐的膳食;饮酒应限量。

6. 腰椎间盘突出

症状:有不同程度的腰及下肢的疼痛,下肢畏寒、小腿外侧及足背有麻木感,腰部活动受限。

病因:长期的前倾坐姿,以及反复的弯腰下蹲时弓腰搬抬重物及扭转动作均容易引起腰椎间盘突出。所以本病与职业有关,司机、财务、电脑操作者都易患本病。

治疗:减少腰椎的慢性损伤,如长期坐位工作者应注意桌椅的高度,定时活动腰部和颈部。

7. 空调综合征

症状:大声打喷嚏,鼻子不通气,非常容易感冒。

病因:在夏天,为了避暑,人们易守在装有空调的屋子里,室内外巨大的温度差距是在夏天热伤风的主要原因。

治疗:多做户外运动,透透空气,适当减少待在空调屋子的时间。

8. 颈椎间盘突出

症状:颈部酸痛与上肢酸麻无力,神经血流供应不足,手掌出现短暂麻木感。

病因:无论是颈部、手部或背部等出现酸痛,都并非一日成疾,大部分患者都因为长期姿势不良而导致。

治疗:用计算机最好每隔一小时就休息几分钟,可利用这短短的几分钟做关节运动,借由适度的运动来预防酸痛情形发生,此外,若发生酸痛,应马上寻求医师的协助。

六、驾驶员职业病

尽管驾驶员被公认是易患“腰椎间盘突出症”职业病的群体,但是“腰椎间盘突出症”并没有在“职业病分类和目录”法定职业病名称中,所以,只能说腰肌劳损是驾驶员这个职业的职业危害因素。

第二节　职业病的鉴定

一、职业病鉴定程序

根据《职业病防治法》有关规定,职业病鉴定程序如下:

(一)申请

当事人向作出诊断的医疗卫生机构所在地政府卫生行政部门提出鉴定申请。鉴定申请需提供的材料包括:鉴定申请书,职业病诊断病历记录,诊断证明书,鉴定委员会要求提供的其他材料。

(二)审核

职业病诊断鉴定办事机构收到当事人的鉴定申请后,要对其提供的与鉴定有关的资料进行审核,看有关材料是否齐备、有效。

职业病诊断鉴定办事机构应当自收到申请资料之日起10日内完成材料审核,对材料齐全的发给受理通知书;对材料不全的,通知当事人进行补充。必要时由第三方对患者进行体检或提取相关现场证据。当事人应当按照鉴定委员会的要求,予以配合。

(三)组织鉴定

参加职业病诊断鉴定的专家,由申请鉴定的当事人在职业病诊断鉴定办事机构的主持下,从专家库中以随机抽取的方式确定,当事人也可以委托职业病诊断鉴定办事机构抽取专家,组成职业病鉴定委员会,鉴定委员会通过审阅鉴定资料,综合分析,作出鉴定结论。

(四)鉴定书

鉴定书的内容应当包括:被鉴定人的职业接触史;作业场所监测数据和有关检查资料等一般情况;当事人对职业病诊断的主要争议以及鉴定结论和鉴定时间。鉴定书必须由所有参加鉴定的成员共同签署,并加盖鉴定委员会公章。

(五)异议处理

当事人对职业病诊断有异议的,在接到职业病诊断证明书之日起30日内,可以向做出诊断的医疗卫生机构所在地设区的市级卫生行政部门申请再次鉴定。

二、职业病诊断证明书应当包括的内容

(1)劳动者、用人单位的基本信息;

(2)诊断结论,如图8-6所示,确诊为职业病的,应当载明职业病的名称、程度(期别)和处理意见;

(3)诊断时间。

图8-6 职业病的诊断

三、职业病的鉴定机构及职责

1. 鉴定职业病机构

职业病鉴定实行两级鉴定制,省级职业病鉴定结论为最终鉴定。

(1)设区的市级职业病诊断鉴定委员会负责职业病诊断争议的首次鉴定。

(2)当事人对设区的市级职业病鉴定结论不服的,可以在接到鉴定书之日起十五日内,向原鉴定组织所在地省级卫生行政部门申请再鉴定。

2. 卫生行政部门指定办事机构

指定办事机构具体承担职业病鉴定的组织和日常性工作。职业病鉴定办事机构的职责是:

(1)接受当事人申请;

(2)组织当事人或者接受当事人委托抽取职业病鉴定专家;

(3)组织职业病鉴定会议,负责会议记录、职业病鉴定相关文书的收发及其他事务性工作;

(4)建立并管理职业病鉴定档案;

(5)承担卫生行政部门委托的有关职业病鉴定的其他工作;

(6)职业病诊断机构不能作为职业病鉴定办事机构。

第三节　鉴定的法律依据

一、《职业健康监护管理办法》相关规定

中华人民共和国卫生部令第23号《职业健康监护管理办法》规定：

第九条　用人单位应当组织接触职业病危害因素的劳动者进行离岗时的职业健康检查。

用人单位对未进行离岗时职业健康检查的劳动者，不得解除或终止与其订立的劳动合同。

第十条　体检机构发现疑似职业病病人应当按规定向所在地卫生行政部门报告，并通知用人单位和劳动者。

第十一条　用人单位对疑似职业病病人应当按规定向所在地卫生行政部门报告，并按照体检机构的要求安排其进行职业病诊断或者医学观察。

第十二条　劳动者职业健康检查和医学观察的费用，应当由用人单位承担。

第十三条　职业健康检查应当根据所接触的职业危害因素类别，按《职业健康检查项目及周期》的规定确定检查项目和检查周期。需复查时可根据复查要求相应增加检查项目。

二、《职业病诊断与鉴定管理办法》相关规定

中华人民共和国卫生部令第24号《职业病诊断与鉴定管理办法》规定：

第十一条　申请职业病诊断时应当提供：

（一）职业史、既往史；

（二）职业健康监护档案复印件；

（三）职业健康检查结果；

（四）工作场所历年职业病危害因素检测、评价资料；

（五）诊断机构要求提供的其他必需的有关材料。用人单位和有关机构应当按照诊断机构的要求，如实提供必要的资料。

没有职业病危害接触史或者健康检查没有发现异常的，诊断机构可以不予受理。

第十二条　职业病诊断应当依据职业病诊断标准，结合职业病危害接触史、工作场所职业病危害因素检测与评价、临床表现和医学检查结果等资料，进行综合分析做出。对不能确诊的疑似职业病病人，可以经必要的医学检查或者住院观察后，再做出诊断。

第十三条　没有证据否定职业病危害因素与病人临床表现之间的必然联系的，在排除其他致病因素后，应当诊断为职业病。

第十五条　职业病诊断机构做出职业病诊断后，应当向当事人出具职业病诊断证明书。职业病诊断证明书应当明确是否患有职业病，对患有职业病的，还应当载明所患职业病的名称、程度（期别）、处理意见和复查时间。

第十九条　当事人对职业病诊断有异议的，在接到职业病诊断证明书之日起30日内，可以向做出诊断的医疗卫生机构所在地设区的市级卫生行政部门申请鉴定。

设区的市级卫生行政部门组织的职业病诊断鉴定委员会负责职业病诊断争议的首次鉴定。

当事人对设区的市级职业病诊断鉴定委员会的鉴定结论不服的，在接到职业病诊断鉴定

书之日起15日内,可以向原鉴定机构所在地省级卫生行政部门申请再鉴定。

省级职业病诊断鉴定委员会的鉴定为最终鉴定。

三、单位要做的事

(一)对职工进行职业健康检查

1. 在岗期间职业健康检查

1)目标疾病

(1)职业病:职业性听力损伤(见GBZ 49);

(2)职业禁忌证:噪声易感者(噪声环境下工作1年,双耳3 000 Hz、4 000 Hz、6 000 Hz中任意频率听力损失≥65 dBHL)。

2)检查内容

(1)症状询问:重点询问有无外耳道流液,耳痛,耳鸣,耳聋,眩晕等耳部症状和噪声接触史等;

(2)体格检查:同上岗前;

(3)实验室和其他检查。

①必检项目:纯音听阈测试、心电图;

②选检项目:血常规、尿常规、声导抗(鼓室导抗图,500 Hz、1 000 Hz同侧和对侧镫骨肌反射阈)、耳声发射(畸变产物耳声发射,或瞬态诱发耳声发射)。

3)健康检查周期1年

2. 离岗时职业健康检查

(1)目标疾病:职业性听力损伤。

(2)检查内容:同在岗期间。

(二)职业病诊断

如果体检有异常,进入职业病诊断;如果诊断有异议,进入职业病鉴定;如果诊断、鉴定有职业病,进入劳动能力影响(工伤、职业病级别)。

(三)工伤保险赔付

根据《工伤保险条例》,按劳动能力影响等级赔付;

但是,单位要注意,“劳动、聘用合同期满终止,或者职工本人提出解除劳动、聘用合同的”:根据《工伤保险条例》第三十七条,比如职工因工致残被鉴定为七级至十级伤残的,享受以下待遇:

(1)从工伤保险基金按伤残等级支付一次性伤残补助金,标准为:七级伤残为13个月的本人工资,八级伤残为11个月的本人工资,九级伤残为9个月的本人工资,十级伤残为7个月的本人工资;

(2)劳动、聘用合同期满终止,或者职工本人提出解除劳动、聘用合同的,由工伤保险基金支付一次性工伤医疗补助金,由用人单位支付一次性伤残就业补助金。一次性工伤医疗补助金和一次性伤残就业补助金的具体标准由省、自治区、直辖市人民政府规定。

四、职业病危害的种类

根据企业经营和施工现场的具体情况确定本公司的职业危害为六大类:

（1）生产性粉尘的危害：在建筑施工作业过程中，材料的搬运使用、石材的加工、建筑物的拆除，均会产生大量的矿物性粉尘，长期吸入这样的粉尘可发生矽肺病。

（2）辐射的危害：在建筑物地下室施工时由于作业空间相对密闭、狭窄、通风不畅，特别是在这种作业环境内进行焊接或切割作业，耗氧量极大，又因缺氧导致燃烧不充分，产生大量一氧化碳，从而造成施工人员缺氧窒息和一氧化碳中毒。

（3）有毒物品的危害：建筑施工过程中常接触到多种有机溶剂，如防水施工中常常接触到苯、甲苯、二甲苯、苯乙烯；喷漆作业常常接触到苯、苯系物外还可接触到醋酸乙酯、氨类、甲苯二氰酸等。这些有机溶剂的沸点低、极易挥发，在使用过程中挥发到空气中的浓度可以达到很高，极易发生急性中毒和中毒死亡事故。

（4）焊接作业产生的金属烟雾危害：在焊接作业时可产生多种有害烟雾物质，如电气焊时使用锰焊条，除可以产生锰尘外，还可以产生锰烟、氟化物，臭氧及一氧化碳，长期吸入可导致电气工人尘肺及慢性中毒。

（5）生产性噪声和局部震动危害：建筑行业施工中使用的机械工具如钻孔机、电锯、振捣器及一些动力机械都可以产生较强的噪声和局部的震动，长期接触噪声可损害职工的听力，严重时可造成噪声性耳聋，长期接触震动能损害手的功能，严重时可导致局部震动病。

（6）高温作业危害：长期的高温作业可引起人体水电解质紊乱，损害中枢神经系统，可造成人体虚脱，昏迷甚至休克，易造成意外事故。

五、职业病的产生及危害

（一）职业病防治的重要意义

《职业病防治法》是维护劳动者健康权益的法律保障，劳动者是生产力要素中最为活跃的因素，劳动者的职业健康是社会经济发展的基础，只有劳动者健康权益获得有效维护，才能保护劳动者健康，促进社会经济的发展。过去某些企业单位个体经济组织（统称用人单位）漠视劳动者健康权益，不履行“危害告知义务”，剥夺劳动者对职业病危害的“知情权”，严重损害了劳动者的健康和安全，阻碍了企业经济发展。《职业病防治法》以“预防控制和消除职业病危害防治职业病，保护劳动者健康及相关权益，促进社会经济发展”为宗旨，依据宪法规定公民享有生命健康权益，明确劳动者依法享有职业卫生保护权利，并具体细化为劳动者享有：获得职业卫生培训教育；职业卫生防护；接受职业健康检查；职业病诊疗康复服务；对职业病危害后果及有关待遇的知情权；参与职业病防治民主管理等权利。为了使劳动者健康权益得到更可靠的保护，《职业病防治法》同时详细设定了用人单位应依法承担的责任和义务，明确了用人单位依法应尽职业病危害控制管理：建立劳动者健康监护制度通过合同告知；工作场所醒目警示标志；工作场所公告；职业卫生培训教育等形式如实告知职业病危害等多种义务和责任。总之，维护劳动者健康及相关权益是《职业病防治法》的精髓，为维护劳动者健康权益提供了有力的法律保障。

（二）导致职业病发生的因素

职业病的发生常与生产过程和作业环境有关，但环境危害因素对人的危害程度，还受个体特性差异的影响。在同一职业危害的作业环境中，由于个体特征的差异，不同人所受的影响可能有所不同。这些个体特征包括性别、年龄、健康状态和营养状况等。除此以外，职业病的发病过程，还取决于以下主要条件。

1. 有害因素本身的性质

有害因素的理化性质和作用部位与发生职业病密切相关。如电磁辐射穿透人体组织的深度和危害性，主要决定于其波长。毒物的理化性质及其对组织的亲和性与毒性作用有直接关系，例如汽油和二硫化碳具有明显的脂溶性，对人体神经组织就有密切的亲和作用，因此首先损害神经系统。一般物理因素常在接触时有作用，脱离接触后体内不存在残留；而化学因素在脱离接触后，作用还会持续一段时间或继续存在。

2. 有害因素作用于人体的量

物理和化学因素对人的危害都与量有关（生物因素进入人体的量目前还无法准确估计），多大的量和浓度才能导致职业病的发生，是确诊的重要参考。一般作用剂量（dose，D）是接触浓度/强度（concentration，C）与接触时间（time，t）的乘积，可表达为 $D = C \cdot t$。我国公布的《工作场所有害因素职业接触限值》（GBZ2.1—2019），就是指某些化学物质在工作场所空气中的限量。但应该认识到，有些有害物质能在体内蓄积，少量和长期接触也可能引起职业性损害以致职业病发生。认真查询与某种因素的接触时间及接触方式，对职业病诊断具有重要价值。

3. 劳动者个体易感性

健康的人体对有害因素的防御能力是多方面的。某些物理因素停止接触后，被扰乱的生理功能可以逐步恢复。但是抵抗力和身体条件较差的人员对于进入人体内的毒物，解毒和排毒的能力将下降，身体更易受到损害。经常患有某些疾病的工人，接触有毒物质后，可使原有疾病加剧，进而发生职业病。对工人进行就业前和定期的体格检查，其目的在于发现其对生产中有害因素的就业禁忌证，以便更合适地安排工作，保护工人健康。

（三）职业病危害的三大来源因素

职业病防治法中“用人单位应当按照国务院卫生行政部门的规定，定期对工作场所进行职业病危害因素检测、评价”的要求，按照相关法律规范对作业场所进行检测与评价，明确企业产生的职业病危害因素，检测其浓度，分析其危害程度及对劳动者健康的影响，评价用人单位职业病危害防护措施及其效果，对未达到职业病危害防护要求的系统或单元提出职业病控制措施的建议。

1. 生产环境中的有害因素

（1）自然环境因素的作用，如炎热季节的高温辐射，寒冷季节因窗门紧闭而导致的通风不良等。

（2）厂房建筑或布局不合理，如有毒工段与无毒工段安排在同一个车间。

（3）由不合理生产过程所致的环境污染。

2. 生产工艺过程中产生的有害因素

（1）化学因素：生产性毒物，如铅、苯系物、氯、汞等。

（2）物理因素：主要为异常气象条件如高温、高湿、低温等；异常气压如高气压、低气压等；噪声及振动；非电离辐射如可见光、紫外线、红外线、激光、射频辐射等；电离辐射如 X 射线。

（3）生物因素：如动物皮毛上的炭疽杆菌、布氏杆菌；其他如森林脑炎病毒等传染性病原体。

（4）粉尘，如矽尘、石棉尘、煤尘、有机粉尘等。

3. 劳动过程中的有害因素

（1）劳动组织和制度不合理，劳动作息制度不合理等。

(2)精神紧张(心理性职业紧张)。

(3)劳动强度过大或生产定额不当,不能合理地安排与劳动者身体状况相适应的作业。

(4)个别器官或系统过度紧张,如视力紧张等。

(5)长时间处于不良体位或姿势,或使用不合理的工具劳动。

(四)职业病对从业者的危害

职业病危害是指对从事职业活动的劳动者可能导致职业病的各种危害。职业病危害因素是指在生产工艺过程、劳动过程和生产环境中存在的影响劳动者健康的因素。

国家《职业病危害因素分类目录》中将主要的职业病危害因素分为10类:粉尘类、放射性物质类(电离辐射等)、化学物质类、物理因素、生物因素、导致职业性皮肤病的危害因素、导致职业性眼病的危害因素、导致职业性耳鼻喉口腔疾病的危害因素、职业性肿瘤的职业病危害因素、其他职业病危害因素。

第四节　汽车维修行业主要的职业病危害来源

一、电焊

电焊作业主要有电焊烟尘、金属锰及其化合物、氩氧化物、氟化物、臭氧、紫外辐射等,可导致劳动者发生电焊工尘肺、锰中毒、以及中毒性呼吸系统疾病。汽车4S店维修过程常见职业病危害因素如呼吸系统疾病、电光性眼炎等多种职业病。

二、喷漆

喷漆作业主要有苯及其化合物、酯类化合物等有机溶剂,其中苯是国际公认的致癌物质,可引起白血病;另外喷漆作业还存在噪声、粉尘、汽油以及各类清洗剂等多种职业病危害因素。

各车间各工序可能接触的职业病危害因素和存在的职业卫生防护问题分别如表8-1所示。

表8-1　各车间各工序作业内容产生的主要职业病危害因素及作业现场存在的常见问题

车间	工　　序	作业内容	产生的主要职业病危害因素	作业现场存在的常见问题
机电车间	机电维修工序	汽车发动机试车、清洗	一氧化碳(尾气)、二氧化碳(尾气)、氮氧化物(尾气)、溶剂汽油、其他粉尘(可吸入颗粒物)	检修工位没有设置局部排风管道
喷漆车间	调漆工序	配漆、调漆、溶剂稀释	天那水/香蕉水(苯20%、二甲苯20%、丙酮5%~10%、乙醇10%、乙酸乙酯15%、正丁醇10%~15%)	1. 配漆间未安装防爆排风系统; 2. 缺少冲淋洗眼器; 3. 缺少有害因素告知卡
	喷漆工序	喷漆间人工喷漆、补漆	二甲苯、甲苯、苯;噪声	1. 喷漆间过滤系统不能定期更换,漆雾不能及时排出; 2. 缺少有害因素告知卡
	腻子打磨工序	人工腻子打磨	其他粉尘、噪声	吸尘器未能及时清理或损坏

续表

车间	工序	作业内容	产生的主要职业病危害因素	作业现场存在的常见问题
钣金车间	切割工序	车体及其他金属部件砂轮机切割	金属粉尘、砂轮磨尘、噪声	1. 车间未安装排风系统； 2. 排风系统气流组织不合理，通风系统效率偏低； 3. 排风管道或风机损坏，漏风或失效； 4. 缺少有害因素告知卡
	焊接工序	二氧化碳气体保护焊，金属车体焊接	电焊烟尘、一氧化碳、氮氧化物、臭氧、以及焊丝中含有较高金属氧化物（锰、铬、镍等）、电焊弧光（紫外辐射）	

北京市卫生监督所曾对北京市 653 名汽车维修企业喷漆工作人员进行职业健康检查，结果表明：

（1）接触低浓度苯系化合物作业人群健康损害主要表现为综合征呼吸道黏膜刺激和四肢麻木等，异常检出率为 11%，随作业工龄增长，症状发生率明显增高，如图 8－7 所示。

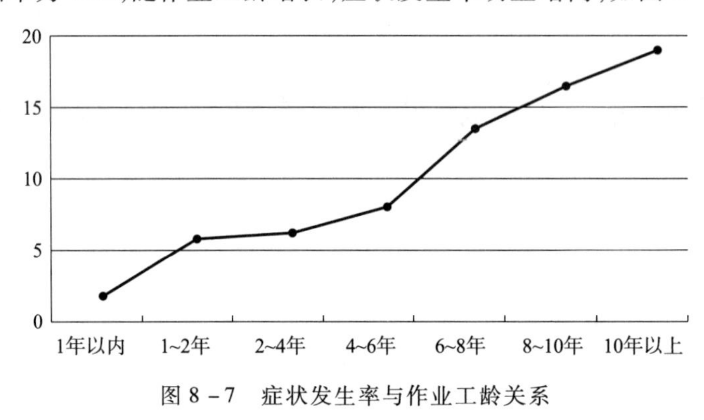

图 8－7 症状发生率与作业工龄关系

（2）血常规检查异常检出率为 16%。主要表现为血细胞减少，占血常规检查异常的 95%。随作业工龄增长，异常检出率逐渐增高，说明接触低浓度苯系化合物对人体健康有损害，而且对人体的损伤作用有长期效应。血常规异常与作业工龄如图 8－8 所示。

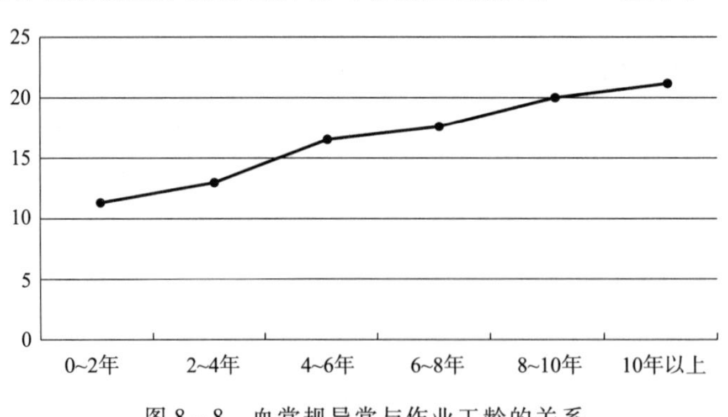

图 8－8 血常规异常与作业工龄的关系

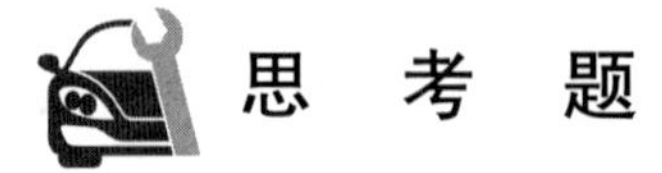

思 考 题

1. 职业病的定义？

2. 职业病有什么表现？

3. 国家现行的职业病分为哪几类?
4. 国家现行的职业病有多少种?
5. 职业病有哪些特征?
6. 职业病有哪些特点?
7. 电脑职业病的症状有哪些?
8. 带有疼痛症状的职业病有哪些?
9. 职业病应如何认定?
10. 慢性疲劳综合征(职业病)的表现?
11. 驾驶员职业病有哪些?
12. 职业病危害的种类有哪些?
13. 导致职业病发生的因素是什么?
14. 职业病危害的三大来源是什么?
15. 职业病对从业者会产生哪些危害?
16. 汽车维修行业主要的职业病危害来源有哪些?

参考文献

[1] 陈宝智. 安全原理[M]. 北京:冶金工业出版社,1995.

[2] 陈全编. 劳动安全卫生[M]. 北京:法律出版社,1998.

[3] 陈全编. 职业安全卫生管理体系原理与实施[M]. 北京:气象出版社,2000.

[4] 吴宗之,高进东. 重大危险源辨识与控制[M]. 北京:冶金工业出版社,2001.

[5] 陈全编. GB/T 28001—2001《职业健康安全管理体系规范》企业实施指南[M]. 北京:中国计量出版社,2002.

[6] 吴宗之,刘茂. 重大事故应急救援系统及预案导论[M]. 北京:冶金工业出版社,2003.

[7] 全国注册安全工程师执业资格考试辅导教材编审委员会. 安全生产事故案例分析[M]. 北京:煤炭工业出版社,2004.

[8] 全国注册安全工程师执业资格考试辅导教材编审委员会. 安全生产技术:上、下册[M]. 北京:煤炭工业出版社,2004.

[9] 邸妍. 工伤保险条例导读及案例[M]. 北京:中国劳动社会保障出版社,2007.

[10] 孟燕华. 职业安全卫生法律基础与实践[M]. 北京:中国劳动社会保障出版社,2007.

[11] 崔景贵. 职业教育心理学导论[M]. 北京:科学出版社,2008.

[12] 汤习成. 校园安全[M]. 北京:中国劳动社会保障出版社,2008.

[13] 蒋乃平. 中职生安全教育知识读本[M]. 北京:高等教育出版社,2008.

[14] 国际劳工组织. 中小企业职业安全卫生防护手册[M]. 北京:中国科学技术出版社,2008.

[15] 齐翠红,王志洲. 心理健康教育[M]. 北京:人民邮电出版社,2009.

[16] 张荣. 职业安全教育[M]. 北京:化学工业出版社,2009.

[17] 中华全国总工会. 工会劳动保护工作概论[M]. 北京:中国工人出版社,2009.

[18] 胡广霞,窦培谦. 新工人三级安全读本[M]. 北京:中国劳动社会保障出版社,2009.

[19] 汪大海,曹五四. 中职安全教育[M]. 北京:北京师范大学出版集团,2010.